Impressum

Umschlaggestaltung, Fotos und Layout Roland Rinderer

Herstellung: Libri Books on Demand
Printed in Germany
ISBN 3-8311-0737-8

Vorwort

Einmal auf der Schlachtbank zu landen, das Schicksal eines jeden Schweines?

Kopfschüttelnd werden Sie sich nun fragen ob dies auch für unsere Mini-Schweine gilt. Nein; beruhigt können Sie dieses Buch lesen. An keiner Stelle wird dem Schlachter auch nur eine Zeile gewidmet sein. Lesen Sie also ruhig weiter.

Aus Mangel an entsprechender Literatur, durch vielerlei Anregung von Interessierten dieses schönen Hobbys und aus der Freude am Weiterreichen von Erfahrung, Wissen und Erlebtem wurde dieses Buch geboren.

Wahre Tierfreunde werden wissen wie es ist, treue Tiere als Freunde zu haben. Es sind wahre Freunde. So auch unsere Mini-Schweinchen. Sie erleben wie wir, Freude und Trauer, Glück und Schmerz, Hunger und Durst, Übermut und Ruhebedürfnis. Möge dieses Buch all denen ein Wegweiser sein, die sich mit dem Gedanken tragen, mit einem Mini-Schwein als Hausgenossen die nächsten Jahre verbringen zu wollen.

Gewidmet sei dieses Buch an erster Stelle Herrn Xaver Netzer; hat er mir doch in frühester Jugend wichtige Grundzüge der Tierhaltung vermittelt. Er war ein guter „Lehrer“! Gleich an zweiter Stelle hat auch meine Frau Ulrike Ihren Anteil an diesem Buch erbracht, hat sie doch so manche Stunde, während ich am PC tippte auf meine (geistige) Gegenwart verzichten müssen. Nicht zuletzt sollen hier meine beiden Korrekturleser Herr Jäger und Frau Booz genannt sein, haben sie doch so manchen unverständlichen Satz gefunden.

Im August 2000

Roland Rinderer

Inhalt:

1. Kapitel: Das Minischwein

Schweinehalter müssen die biologischen Daten und Verhaltensweisen Ihrer Tiere kennen!

Das Schwein *allgemein*.

Schweine reagieren sehr auf ihre Umwelt und alles was damit zusammenhängt. Sie haben wie andere Tiere auch eine „innere Uhr", die sie antreibt vieles zu bestimmten Zeiten zu tun, anderes wiederum zu unterlassen. Über Schweine wurde schon viel geschrieben. Es sind Tiere deren Haltungsform sich in den letzten 500 Jahren grundlegend geändert hat. Wurden im frühen Mittelalter in weiten Teilen Europas die Tiere noch in großen Herden zur Mast in den Wald getrieben (Eicheln und Bucheckern), sind heute beinahe vollautomatische Haltungsformen gang und gäbe. Allein durch das geltende Tierschutzgesetz sind bereits einige Haltungsformen, z.B. die Halsanbindung von Zuchtschweinen, verboten worden und somit beinahe wieder verschwunden.

Schweine sind sehr intelligente und kurzweilige Tiere. Sie sind uns sicher sehr ähnlich, vielleicht fühlen wir uns ihnen deswegen so verbunden. Schweine sind eigentlich recht saubere Tiere, sofern sie die Möglichkeit haben ihre **Exkremente** weg von ihrem Nest abzusetzen. Schweine sind wie Rinder Saugtrinker, das heißt sie saugen mit geneigtem Kopf Wasser aus einer stehenden Wasserfläche ein. Sie reagieren weniger empfindlich auf Kälte als auf Hitze und können ähnlich wie Hunde nicht **schwitzen**, also müssen sie bei Hitze versuchen sich abzukühlen. Dazu benutzen die Tiere das Bade im Wasser. Da in freier Natur stehendes Wasser meist in Flüssen, Seen oder Pfützen bereitsteht, können aus solchen Wasserstellen **Suhlen** werden, die dann als Kombieffekt durch den antrocknenden Schlamm auf der Haut, auch gut gegen Parasiten sind. **Zudem können Wild- wie auch Hausschweine ausgezeichnet schwimmen!**

Schweine sind intelligente und kurzweilige Tiere. Sie können zudem sehr gut schwimmen!

Schweine haben durchaus ein sehr gutes **Erinnerungsvermögen** für negative Behandlungsweisen. Schon kurze oder einmalig schlechte Erfahrungen lassen sie furchtsam auf Menschen reagieren. Das artspezifische Verhalten von Schweinen kann man sich beim Umgang mit den Tieren zu Nutze machen. Eine gute Mensch-Schwein-Beziehung zeigt sich darin, dass die Ausdrucksmittel des Tieres verstanden werden. Schweine äußern sich mittels Lautäußerungen, der Mimik so

Das Mini-Schwein

Schweine haben die höchste Riechzellenzahl aller untersuchten Säugetiere und somit ein besseres Riechvermögen als der Hund!

wie Verhaltensweisen. Der erfahrene Tierfreund wird sich hiermit auseinandersetzen, um mit seinen Tieren „kommunizieren" zu können, und sich so seine Intelligenz zunutze machen.

Schweine können Stimmen von Menschen unterscheiden, und erkennen am Tonfall, ähnlich wie Hunde, die Stimmung „ihres" Menschen. **Zutrauen, Vertrauen und stressfreies Ruhigsein ist für Schweine das Größte und gibt ihnen größte Lebensqualität!**

Schweine zeichnen sich durch ein sehr gut ausgebildetes **Riechvermögen** aus. Es stellt ihre Hauptinformationsquelle dar. Sie haben die **höchste Riechzellenzahl** aller bisher untersuchten Säugetiere, somit auch mehr als der für seine feine Nase bekannte Hund.

Die **Rüsselscheibe** ist für das Schwein das, was für uns die Hand bedeutet. Alles wird mit ihr untersucht und „ertastet". Das **Sehvermögen** ist nicht sehr stark ausgeprägt, eher noch das **Hörvermögen**, das Wildschweine noch auf knapp hundert Meter zur Flucht veranlasst. Schweine gehören zur Familie der Paarhufer, ähnlich wie Rinder. Sie haben sozusagen einen „gespaltenen Huf", genannt **Klaue**. Die Klauen der Tiere wachsen laufend nach und werden je nach Unterlage mehr oder weniger von allein abgerieben also abgenutzt.

Hat man sich mit Schweinen noch nie beschäftigt, würde man es kaum für möglich halten, dass jedes Schwein eine eigene **Persönlichkeit** besitzt, das unter anderem auch **Eifersucht** zeigen kann! (Haus-)Schweine sind ebenso wie Wildschweine **tagaktiv**.

Das Mini- oder Miniatur-Schwein

Mini-Schweine unterscheiden sich wenig bzw. oft gar nicht in ihren biologischen Daten von ihren größeren Artverwandten, den Zucht- oder Mastschweinen. Allenfalls in der Größe und in den anatomisch bedingten Folgedaten. Somit können die haltungstechnischen Maßnahmen absolut vereinfacht werden, da unsere Mini-Schweine in der Regel leichter als ihre großen Verwandten zu handhaben sind.

Unsere Mini-Schweine sind oftmals Kreuzungen aus verschiedenen Minischwein-Rassen. Oft wurden chinesische, indonesische und afrikanische Zwerg-Schweinchen eingekreuzt. Auch Hängebauchschweine sind oft bei den Vorfahren unserer heutigen Mini-Schweine dabei. Sie sollten optisch die Verkleinerung unserer normalen, das heißt üblichen Hausschweine sein. Auch wenn unsere Mini-Schweine um

vieles kleiner und „schwächer" als ihre großen Verwandten anzusehen sind, sollte man sie jedoch nicht unterschätzen!
Die Ferkel der Mini-Schweine wirken oft süß und so richtig knuddlig. In Wirklichkeit sind sie kernige Kraftpakete, die, wenn sie auf den Arm genommen, meist so richtig anfangen zu strampeln. Mit zunehmendem Alter, werden die Tiere beim richtigen Umgang **problemlos zahm**, und melden dann ihren Bedarf an Liebe und Zuneigung richtig an. Wasser mögen Mini-Schweinchen z.T. nur bedingt, und in der Regel nicht so sehr wie große Zuchtschweine, die ja richtig verrückt nach Wasser in Form einer täglichen Dusche sind. Sofern man es versteht den Tieren genug abwechslungsreiche Beschäftigung zu bieten bzw. die richtige Haltungsform wählt, wühlen Mini-Schweinchen kaum in der Erde, und es ist richtig interessant ihnen zuzuschauen wie sie das Gras einer kurzen Wiese „abweiden".

Von einer **Überzüchtung** des Mini-Schweines kann im Gegensatz zu den anderen Nutz-Schweinerassen keine Rede sein. Die Schweine sind robust und ertragen unsere **Außentemperaturen** gut, solange sie eine Möglichkeit haben sich in einen **Schutzraum** (ins Warme) zurückzuziehen. Bei richtiger Pflege und Fütterung werden sie nur selten krank.

Erwin, ein Schwein der Deutschen Landrasse (Nutzrasse) bei einer ausgiebigen Siesta.

Das Mini-Schwein

Die Biologischen Daten

	unserer Nutz-Schweine:	durchaus auf Mini-Schweine übertragbar
Körpertemperatur		
Ausgewachsene Schweine	39° C (38,5-39,5)	X
Bei Ferkeln	40 °C (39,0-40,5)	X
Herzschlag (in Schlägen je Minute)		
Ausgewachsene Schweine	70-80	X
Bei Ferkeln	120-200	X
Atemfreqenz		
In Ruhe	10-20 Mal je Minute	X
In Bewegung	30-80 Mal je Minute	X
Darmlänge		
Ausgewachsene Schweine	22-25 Meter	
Mageninhalt		
Ausgewachsene Schweine	6-8 Liter	
Blutmenge		
in % vom Körpergewicht	4-7 %	X
Zahl der Rippen	13-16 Paare	
Eintritt der Geschlechtsreife		
Eber	4-7 Monate	X
Sauen	5-7 Monate	X
Eintritt der Zuchtreife		
Eber	mit 6-8 Monate	X
Sauen	mit 7-8 Monate	X
Brunst von Sauen		
Brunstzyklus	21 Tage (18-24)	X
Dauer der Hauptbrunst	60 Stunden (12-120)	X
Ovulation nach Beginn der (Haupt-)Brunst	24-36 Stunden	X

Das Mini-Schwein

	unsere Nutz-Schweine:	durchaus auf Mini-Schweine übertragbar
Eizellen je Ovulation	10-25	
Dauer der Trächtigkeit	115 Tage (112-116)	X
Dauer der Geburt	3 Stunden (2-7)	X

Temperaturansprüche von Schweinen in ° C

Abferkelstall		
Ferkelnest	35-22	X
1. Woche	18	X
folgende Wochen	18-15	X
Abgesetzte Ferkel	17-19	X
Tragende Sauen, Eber, leere (güste) Sauen	15-17	X

Gute Freunde sind eben das Beste!

2. Kapitel: Die verschiedenen Rassen

American Minipigs werden oft fälschlicherweise für die kleinste Schweinerasse gehalten.

In der landwirtschaftlichen Schweinezucht gibt es im In- und Ausland vielerlei (Nutz-) Schweinerassen auf die wir hier natürlich nicht näher eingehen wollen. Daneben gibt es zahlreiche alte z.T. vom Aussterben bedrohte, bzw. bereits ausgestorbene Schweinerassen. Da diese meist die Vorgänger unserer heutigen Nutz-Schweinerassen sind werden hier auch sie unbeachtet bleiben.

Unsere heutigen Mini-Schweine, insbesondere die hellen Varianten stammen durchweg aus „kleingebliebenen“ bzw. kleingezüchteten Hausschweinen ab. Einkreuzungen, insbesondere von Zwerg-Hängebauchschweinen, sind die dunklen Farbenschläge, sowie die oft vorkommende **Ramsnase**, zu verdanken. Im Gegensatz zu den alten Landschweinerassen, die im 1. Jahrtausend n. Chr. gezüchtet wurden, sie waren spätreif, sind unsere heutigen Hausschweine und unsere Mini-Schweine frühreif. Das heißt, sie werden bereits vor erreichen eines Alters von einem halben Jahr geschlechtsreif, können dann erfolgreich belegt werden und auch schon Würfe austragen. Einzig das Chinesische Maskenschwein (Meishanschwein) besitzt eine noch größere Frühreife und Fruchtbarkeit. Es ist in der Lage pro Jahr über 33 Ferkel zu gebären; es ist schon mit 81 Tagen geschlechtsreif und bringt je Wurf 13 - 16 Ferkel.

Mini-Schweine:

Das American Minipig

Das American Minipig gilt oft als das Kleinste der Minischweine. Dies stimmt jedoch nur bedingt, da sich durchaus trotz kleiner Elterntiere z.T. große Nachzuchten ergeben, die dann bis 50 cm groß werden und bis 50 kg auf die Waage bringen. American Minipigs gibt es in verschiedenen Farbenschlägen, meist blond, aber auch gescheckt mit Punkten.

Das Göttinger Minischwein

Das Göttinger Minischwein hat durchaus die Kontur eines verkleinerten Wildschweines. Großer Kopf, hohe Stirn, starke Schulterpartie z. T. etwas voluminös. Die Tiere sind behäbig und lassen sich nicht so schnell aus der Ruhe bringen. Göttinger Minischweine sind recht fruchtbar. Sie haben meist über 5 Ferkel. Bei den Göttingern scheint es zwei „Schläge“ zu geben; die einen sind wie oben beschrieben relativ klein, die anderen bringen es mit ihrem Rücken durchaus auf Tischhöhe und somit auch zu einem ordentlichen Gewicht!

Die verschiedenen Rassen

Das Wiesenauer Minischwein

Das Wiesenauer Minischwein kommt sehr wahrscheinlich aus den neuen Bundesländern, wo es vom Typ her auch in größeren Varianten vorkommt. Die Sau ist in der Regel größer als der Eber und es hat einen typischen, etwas platten Kopf (im Gegensatz zum Göttinger Minischwein) und eine gestreckte Nase. Es kommen verschiedene Farbvarianten vor. Schwarz, blond und gescheckt. Sie haben ausgewachsen ein Gewicht von ca. 20-25 Kg. Ihre Wurfstärke liegt meist unter 5 Ferkelchen.

Das Münchner Miniaturschwein

Münchner Miniaturschweine sind schmale und relativ hohe Tiere. Sie sind hellbraunrötlicher Farbe und haben dünnere Borsten als andere Mini-Schweine. Auch vom Gewicht scheinen sie von Mini-Schweinen etwas entfernt zu sein. Sie bringen ausgewachsen bis über 65 Kg auf die Waage.

Das Vietnamesische + Asiatische Hängebauchschwein (auch als Mini-)

Sie sind meist bzw. überwiegend schwarz mit faltigem Gesicht, mopsköpfige Ramsnase und ziemlich unterschiedlich in Größe und Gewicht (z.T. bis 100 Kg). Geschlechtsreife mit 1 Jahr, 5 – 7 Ferkel je Geburt. Durch Einkreuzung von Göttinger Minischweinen wurden auch kleinere und z.T. auch gescheckte Varianten herausgezüchtet. Diese erreichen Gewichte zwischen 30 kg bis ca. 60 kg.

Münchner Miniaturschwein mit Ferkel

Daneben gibt es noch:

- Den Bergsträßer Knirps
- Minnesota Minipigs

sowie

- Indonesische Zwergschweine
- Afrikanische (asiatische) Zwerg-Wildschweine
- Peruanische Minischweine
- und sicher noch andere.

Über diese Rassen konnte der Autor, außer dass sie z.T. auch etwas **scheu und** durchaus auch etwas **aggressiv** sein können, nichts in Erfahrung bringen. Sicher beherbergen manche Zoos oder Tierparks noch unerwähnte Mini- bzw. Zwergschweinerassen.

Diverse Züchter haben auch ihre eigenen Zuchtlinien, die mehr oder weniger eine „eigene Rasse" darstellen.

Wenn auch einige unserer heutigen Mini-Schwein-Rassen in Aussehen und Proportionalität ihren großen Verwandten, den Nutzschweinen, sehr nahe kommen, haben unsere kleinen Lieblinge doch einen eindeutig angeborenen Unterschied.

Sie haben keinen Ringelschwanz sondern einen geraden, oftmals reichlich mit Borsten bewachsenen, Schwanz.

Wiesenauer Mini-Schwein in saftigem Grün

3. Kapitel: Überlegungen vor der Anschaffung

Passt ein Miniatur-Schwein in Ihr Leben?

Mini-Schweine zu halten ist in den USA weit verbreitet. Bis hinauf nach Alaska wo die Winter durchaus unter - 40 ° C aufweisen, finden Mini-Schweine warme Plätzchen bei lieben Menschen. In Skandinavischen Ländern werden auch Mini-Schweine gehalten. Dort sind die Züchter und Besitzer sogar in Vereinen zusammengeschlossen. Zu Beginn der 80er Jahre wurden die ersten Mini-Schweine nach Deutschland eingeführt. Zuerst in Zoos und Tierparks. Doch bald wurde das kleine Schweinchen auch bei uns als „Haus-(halts-) Tier“ entdeckt, da die Tiere durchaus sehr sauber, geruchlos und einfach umwerfend interessant und kurzweilig sind. Vor einer allzu großen Vermenschlichung sollte man jedoch Abstand nehmen!

Nichts desto trotz sollte man **VOR** der Anschaffung eines Mini-Schweinchens einige wichtige Überlegungen anstellen:

1. Ein Mini-Schwein kann durchaus ein Alter von 12-15 Jahre erreichen. Sind Sie bereit solange für es verantwortlich zu sein und es zu versorgen?

2. Sind durchweg alle Familienmitglieder mit der Anschaffung eines Mini-Schweinchens einverstanden?

3. Leben sie nicht im eigenen Haus, müssen sie unbedingt **VOR** der Anschaffung eines Mini-Schweinchens Ihren Vermieter um Erlaubnis fragen. Leben Sie möglicherweise in einer Eigentumswohnung, die einer Wohnungseigentümer-Gemeinschaft angehört, ist hierzu die Einwilligung sämtlicher Miteigentümer notwendig. Erkundigen Sie sich im voraus!

4. Leben Sie in einer Wohnung, die nur über Treppen (ohne Lift) zu erreichen ist? Dies ist denkbar ungünstig für ein Schweinchen!

5. Beachten Sie bitte, dass Mini-Schweine, insbesondere bis zum Alter von 2 Jahren, unter Umständen recht lautstark mit durchdringenden, lauten Schreien ihren Willen durchzusetzen versuchen. Wird Ihr Nachbar dies tolerieren?

6. Haben Sie die Möglichkeiten in Ihrem Haus (-halt) dem Schweinchen den nötigen Raum zum Leben zu bieten?

Prüfen Sie vor der Anschaffung ob ein Mini-Schwein das richtige Haustier für Sie ist!

Überlegungen vor der Anschaffung

Wie ein Hund braucht es, sofern es in Ihrer Wohnung lebt, einen Platz für ein Körbchen etc. wo es auch in der **Nacht** zur **Ruhe** kommen kann. Denken sie hierbei auch an entsprechenden Vorratsplatz für Futtermittel!

7. Sind Sie bereit in Ihrem Haushalt und in Ihrem Garten möglicherweise ein paar kleine Dinge zu verändern. Stichwort: Gefahren (z.B. das leckere **Stromkabel** Ihrer Stehlampe ist vielleicht unwiderstehlich!?)

8. Haben Sie genügend Zeit für Ihr Schweinchen? Es muss gefüttert und gepflegt werden, sein (Katzen-) Klo muss geleert und gesäubert werden. Wenn sie es von Anfang an daran gewöhnen, können sie mit ihm auch an der Leine Gassi gehen. Zudem braucht es, wenn es als einziges Schwein in Ihrem Haushalt lebt eine gewisse „Ansprache"!

9. Leben noch andere Tiere, insbesondere (Jagd-) **Hunde** in Ihrem Haushalt, die ein spritziges Ferkelchen zu leicht als Beute ansehen könnten?

10. Schweine sind in der Regel saubere Tiere und bei ausreichender Pflege tragen sie sicher nicht sehr viel mehr Bakterien in sich wie wir Menschen. Werden Sie Ihr Mini-Schweinchen auch mögen, wenn es sich einmal eine nach außen sichtbare „**Krankheit**" wie Räude oder Läuse einfängt? (Die vom Tierarzt jedoch behandelt werden kann)

11. Ein Mini-Schwein kann bei entsprechender Futterversorgung sicher verwahrt, ca. 1 Tag allein bleiben. Was geschieht aber mit ihm, wenn Sie länger in **Urlaub** fahren oder ins Krankenhaus müssen?

12. Die tägliche Versorgung mit Futter, Pflegeutensilien, aber auch Tierarzt-Behandlungskosten und der Beitrag an die **Tierseuchenkasse** kosten letztendlich Geld. Können Sie dies auf Schweinchens Lebzeit aufbringen?

13. Der Garten, insbesondere der Rasen oder ein Stück Wiese ist stundenweise ein idealer Tummelplatz für Ihr Mini-Schwein. Haben Sie die Möglichkeit Ihrem Tier dies zu bieten und können Sie damit leben, wenn es auch mal etwas **wühlt** bzw. Ihr extra angebautes **Gemüse** vernascht? Auf einem Englischen Rasen lässt sich kein Mini-Schweinchen halten. Es sollte schon etwas Gras in entsprechender Größe zum Abweiden darauf stehen!

14. Haben Sie eine **Entsorgungsmöglichkeit** für den anfallenden Kot sowie möglicherweise anfallendes Stroh? Denn Ihr Rosenbeet vor dem Haus wird bald genug davon haben!

Erkundigen Sie sich im Bedarfsfalle bei Ihrer Restmüll-Sammelstelle.

15. Hat sich in Ihrer Nähe ein **Tierarzt** niedergelassen der von Schweinen etwas versteht?

Wenn Sie alle vorstehenden Punkte (ehrlich!) zugunsten des Mini-Schweinchens beantworten konnten, möchte ich Sie hier **beglückwünschen**. Sie haben es richtig gemacht! Zuerst alle wichtigen Punkte abklären, dann stehen nach der Anschaffung keine bösen Überraschungen ins Haus und Sie werden sicher noch mehr Freude an Ihrem neuen Hausgenossen haben.

Außerdem: Hunde- und Katzenallergiker können aufatmen. Ihre Allergie wird an Ihrem Mini-Schweinchen keinen „Gefallen finden".

Bitte verschenken sie niemals ein Mini-Schwein an Freunde oder Bekannte! Auch wenn Sie dies noch so gut meinen und die Idee noch so originell ist. Es wäre nicht das erste Mal, dass ein Schweinchen nach einigen Wochen auf dem Balkon im Tierheim abgegeben würde, weil der Beschenkte nicht die Möglichkeit erhielt, durch Studium obiger Punkte selbst zu entscheiden ob er einem Mini-Schwein ein gutes Leben bieten kann!

Besenkammer als „Schweinezimmer" umfunktioniert.

5 Punkte worauf Sie beim Kauf eines Mini-Schweinchens achten sollten

Bitte beachten Sie:

Wenn Sie ein Mini-Schwein halten, werden Sie viel Aufmerksamkeit erregen.

Insbesondere, wenn Sie sich, mit ihrem Liebling **an der Leine,** auf öffentlichen Plätzen und Wegen bewegen werden. Viele Leute werden positiv auf Sie zukommen und Ihnen mit Freude und Interesse begegnen. Andere wiederum werden nicht verstehen wollen, dass Sie ein „dreckiges“ Schwein in Ihrem Haus als Haustier halten. Bei diesen werden Sie es schwer haben Akzeptanz zu erreichen und wenn Sie einen solchen Mitmenschen unter Ihren Nachbarn haben, kann dieser Ihnen das Leben mit Ihrem Mini-Schweinchen durchaus schwer machen!

Kinder verstehen es oft vorzüglich zu Tieren eine für Erwachsene beinahe unsichtbare Brükke zu schlagen; dies haben sie uns Erwachsenen unangefochten voraus. Jedoch sollten Sie darauf achten, dass sie das Schweinchen nicht zu sehr ärgern, was ihm nicht so sehr gefallen könnte. Denn Schweine würden sich durchaus wehren!

Haben wir deshalb, zum Schutz beider, ein waches Auge über diese Freundschaft.

Worauf Sie beim Kauf eines Mini-Schweines achten sollten:

1. BEIDE Elterntiere zeigen lassen! Damit Enttäuschungen über die Endgröße die Ihr Tier einst erreichen wird möglichst ausbleiben, sollten Sie Ihr Tier bei einem **Züchter** persönlich aussuchen. Nehmen Sie sich Zeit und lassen Sie sich auch **BEIDE** Elterntiere zeigen. Nicht selten versuchen „Tierhändler“ Schweinchen zu veräußern, die dann ausgewachsen gut und gerne **über 100 Kg** auf die Waage bringen. Die Elterntiere, dieser ach so süßen Ferkelchen, haben diese Leute natürlich nicht zum Zeigen bereit! Lassen Sie die Finger von Ferkelchen deren Elterntiere laut Verkäufer „bei einem Züchterkollegen beheimatet sind oder gerade erst vor ein paar Tage verkauft wurden oder das Muttertier starb bei der Geburt bzw. musste wegen Krankheit eingeschläfert werden“. Zu 98 % sind solche Verkäufer reine **Tierhändler** und die Ferkelchen die angeboten werden stammen aus dubiosen Quellen. Die Endgröße, die diese Ferkelchen einst erreichen sollen, wird schöngeredet, damit der Händler den hohen Preis rechtfertigen kann. Kaufen Sie also nicht, ohne BEIDE Elterntiere gesehen zu haben, wobei durch deren Größe auf die der Nachkommen geschlossen werden kann.

2. Das Tier muss von einer Ohrenmarke begleitet sein! Ab 28. Oktober 1995 dürfen Rinder, Schafe, (auch Mini-) **Schweine** und Ziegen nur noch in Verkehr gebracht werden, wenn sie mit den nach der Viehverkehrsverordnung zugelassenen Ohrmarken markiert sind. Nicht gekennzeichnete Tiere dürfen nicht mehr in den Verkehr gebracht werden. Die Ohrmarken sind mit der vom Veterinäramt des Landkreises zugeteilten Betriebsnummer (Buchstaben des KFZ-Kennzeichen des Kreises und die Nummer des Betriebes) zu versehen. Es sind nach der Viehverkehrsordnung zugelassene Ohrmarken zu verwenden. Grundlage dieser Kennzeichnungspflicht ist die „Verordnung zum Schutz gegen die Verschleppung von Tierseuchen im Viehverkehr kurz „Viehverkehrsverordnung“, sowie dem Tierseuchengesetz.

Mit anderen Worten heißt dies, dass jedes (Mini-) Schwein, spätestens mit dem Verlassen des Geburtsortes von einer Ohrmarke „begleitet“ werden muss, die durch das auf ihr aufgedruckte KFZ-Kennzeichen des Kreises und die Betriebsnummer, eindeutig Aufschluss über seinen Herkunfts- bzw. Geburtsort gibt. Ein seriöser Züchter hat seine Zucht beim Veterinäramt ordnungsgemäß gemeldet und weiß über die Gesetze bescheid. Kaufen Sie also niemals ein Mini-Schweinchen ohne Ohrenmarke, da Sie ohne diese die Herkunft des Tieres nicht eindeutig nachweisen können!

3. Kaufen Sie nur ein gesundes Tier! Die Kriterien finden Sie in Kapitel 8, Die tägliche Beurteilung der Gesundheit unseres Schweinchens.

4. Das Geschlecht. Eber oder Sau? (männliches oder weibliches Tier). Weibliche Tiere sind oft, egal welcher Rasse bzw. Tierart sie angehören, eigensinnig und zickig. So kann es auch bei unseren Mini-Schweinchen sein, wobei Eber, trotz den Vorurteilen, die man ihnen oft entgegenbringt, recht anschmiegsam und liebesbedürftig sein können. Ein einzelnes Tier sollte sowieso nur dann angeschafft werden, wenn Sie wirklich genug Zeit haben sich täglich dem Tier zu widmen und sich mit ihm zu beschäftigen. Haben Sie dies nicht, sollten sie besser zwei Mini-Schweinchen anschaffen! Schweine leben ursprünglich in der **Rotte**, also in Gemeinschaft mit Artgenossen und wollen in der Regel nicht einzeln leben!

Bei der Haltung von zwei Tieren sollte darauf geachtet werden, dass es zwei gleichgeschlechtliche Tiere sind, da ansonsten die junge Sau (zu) früh gedeckt wird und sich Probleme während der Trächtigkeit bzw. Geburt einstellen können. Bei einem heterosexuellen Paar sollte der Eber frühzeitig kastriert werden, damit sich vorgenannte Probleme nicht einstellen.

5. Der Preis. Mini-Schweine von seriösen Züchtern sind nicht billig! Sie kosten durchaus soviel wie ein Rasse-Hundewelpe!

Laut Gesetz muss jedes Schwein, das in Deutschland in Verkehr gebracht wird, dauerhaft gekennzeichnet sein, z.B. mit einer Tätowierung im Ohr oder durch eine Ohrenmarke! Diese muss das Tier „begleiten“.

4. Kapitel: Die Unterbringung

Es gibt verschiedene Möglichkeiten ein Mini-Schweinchen unterzubringen, wie es auch bei Hunden die Möglichkeit der Zwingerhaltung und die Haltung inmitten der Familie gibt.

1. Die (überwiegende) Haltung im Haus

Mini-Schweine sind sehr soziale und gesellige Tiere, die in der Regel problemlos zur Stubenreinheit erzogen werden können (wenn sie es nicht schon von Natur aus sind).

Eine reine Haltung im Haus bzw. in der Wohnung ist nicht empfehlenswert, da auch ein Mini-Schweinchen, ähnlich einem Hund mal richtig springen, erkunden und frische Luft schnappen will. Wenn hier von der Haltung im Haus gesprochen wird, dann ist davon die Rede, dass das Schweinchen in der Wohnung schläft und überwiegend sich auch dort aufhält, jedoch für eine gewisse Zeit täglich die Wohnung verlassen und seiner Natur freien Lauf lassen kann.

Ein so gehaltenes Mini-Schweinchen kann durchaus im Haus frei umhergehen. Wenn das Haus oder die Wohnung groß genug ist und das Tier sauber gehalten wird, ist es durchaus möglich, dass man nicht merkt, dass darin ein Schweinchen zuhause ist, also weder Geruch noch Schmutz werden hier zu finden sein.

Auf jeden Fall braucht ein so gehaltenes Schweinchen ein eigenes Zuhause, also entweder einen **Korb** oder eine kleine **Kiste**, die gut ausgepolstert, nach einiger Gewöhnung durchaus mit dem Hund und/oder mit der Katze des Hauses geteilt werden kann. Noch besser ist natürlich wenn dieses „Schweinekörbchen oder –Kistchen“ in einer „toten“ Ecke, etwa im Flur steht, die sowieso nicht gebraucht wird (Beispiel S. 11), damit das Tierchen auch mal seine Ruhe hat.

Am Besten wäre hier natürlich ein **eigenes Zimmer**, in dem es sich, besonders in der wärmeren Jahrszeit auch mal auf dem **Fussboden** ausruhen kann, ohne dass Tante Frieda bei ihrem Besuch gleich über unseren Liebling stolpert.

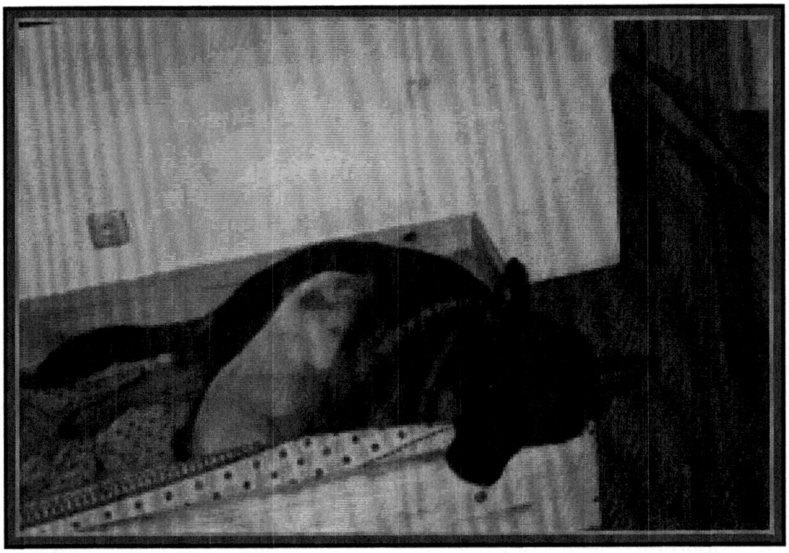

Ein Schläfchen in Ehren ....
Göttinger Mini-Schwein-Ferkelchen mit Schäferhund

Hier ein Beispiel solcher Haltung:

Eine nette ältere Dame (Name kann aus datenschutzrechtlichen Gründen nicht genannt werden) hält 2 Göttinger Minischweine, die allerdings von einer ungewöhnlichen Größe sind und mit Ihrem Rücken die Tischplatte des Esstisches erreichen.

Die beiden Schweine, ein kastrierter Eber und eine Sau, haben ihr eigenes Zimmer, das sie jedoch auch nur freiwillig aufsuchen, denn sie werden in der Küche, wie Hunde, aus einem Napf gefüttert. Die Tiere waren seinerzeit 3 bzw. 5 Jahre alt und gehen laut Besitzerin auch mal unangeleint mit auf die Straße, was jedoch eine Ausnahme sein dürfte. Eigentlich werden sie nur zum „Gassi gehen“ (um sich zu **lösen**) aus dem Haus auf die angrenzende Wiese gelassen.

Erstaunlicherweise konnte man am Geruch etc. nicht bemerken, dass im Haus Schweine zuhause waren!

Vorteile solch einer Haltung sind ganz gewiss, dass ein Tier in dieser Haltungsform u.a. sehr zahm und zutraulich werden wird, da man sehr eng mit ihm zusammen lebt.
Nachteile sind hier in der Form zu beachten, dass einem Tier hier genügend **Beschäftigung** geboten werden muss, da, wenn es ihm erst langweilig wird, weder Couchgarnitur noch

Sofakissen vor ihm sicher wären. Es sollte bei dieser Haltungsform immer eine Person im Haushalt zugegen sein, die, wenn es nötig, eingreifen könnte.

Ein dem Autor bekanntes Beispiel berichtet von einem Mini-Schweinchen, das so sehr seine Besitzerin in Beschlag nimmt, dass es sogar vor der **Duschkabine** auf sein Frauchen wartet!

2. Die Haus- und Gartenhaltung

Die optimale Art ein Minischweinchen zu halten wird wohl eine Mischung aus Haus-, Freiland- und Stall- (wollen wir es hier Schweinezimmer nennen) Haltung sein. Es kommt durchaus darauf an, ob man ein, zwei bzw. mehrere Schweinchen hält, oder ob unser Schweinchen allein bzw. „mit Hund und Katz“ gehalten wird, denen es sich erstaunlich schnell und zum Teil auch sehr intensiv anschließt.

Empfehlenswert wäre daher, **außer dem Lebensraum Wohnung** (in der wie oben beschrieben ein Körbchen, ein Teppich als Schlafstätte bzw. eine kleine Ruhekiste vorhanden sein muss) und Tummelplatz Garten (Rasen oder/und Wiese), eine ausbruchsichere, überdachte Behausung ähnlich einem Hundezwinger. Denn auch in einem Haushalt in dem eigentlich immer eine Person anwesend ist, kann der Fall eintreten, dass das Tier mal für eine bestimmte Zeit „sicher verwahrt werden muss“. In diesem Fall hat sich eine hundezwingerähnliche Behausung bewährt, wobei man darauf achten sollte, dass der größte Teil der Bodenfläche kein Wasser aufnehmen können sollte. Also kein kompletter Holzboden, da der Boden sonst sehr schnell durch Wasser aus der Trinkschüssel, Kot und/oder Urin etc. zum richtigen Schweinestall wird.

Auch Naturboden ist ungeeignet, da er von den Tieren umgegraben und durch die Verunreinigung mit Exkrementen schnell zur Kloake wird. Empfehlenswert ist ein Betonboden mit Gefälle der, wenn verunreinigt, schnell mit Wasser abgespritzt werden kann und in absehbarer Zeit wieder von allein abtrocknet. Außer der Behausung für die Tiere (Schutzraum Beschreibung siehe unter Freilandhaltung), kann für die Sommermonate auch eine Holztafel, die trocken gehalten werden sollte, zum Abliegen bereitgestellt werden, damit die Tiere von unten nicht so schnell auskühlen. Zu beachten wäre, dass den Mini-Schweinchen hier genügend **Beschäftigungsmaterial** angeboten wird, dass sich diese, gemäß ihrer Intelligenz, beschäftigen können.

Eine sicher etwas übertriebene Vermenschlichung!

3. Die Freilandhaltung

Mini-Schweine, allgemein Schweine, nur draußen, beinahe unter freiem Himmel zu halten hat sich im Hinblick auf die Weidepflege nicht sonderlich bewährt. Insbesondere in längeren Regenperioden wird die Weide schnell zu einem Acker, der zudem der Verwurmung der Tiere sehr zuträglich ist. Der Kot lässt sich hier nicht mehr beseitigen. Meist sind die „Gehege“ der Tiere ohnehin zu klein bemessen und die Tiere beginnen allein aus Langeweile der Grasnarbe dermaßen zuleibe zu rücken, dass diese mit dem bloßen Auge bald nicht mehr zu erkennen ist. Mit anderen Worten: die Schweinchen **wühlen**. Erwähnt sein soll hier, dass die „Gehege“ eine absolut **ausbruchsichere Umzäunung** erhalten müssen, die u.U. sogar in doppelter Ausführung erstellt werden muss. Eventuell ist hier auch eine (zusätzliche) Elektro-Einzäunung, die jedoch laufend auf Grasbewuchs hin überprüft werden sollte, sinnvoll. Versicherungsfachleute kennen die Kriterien für eine Weideversicherung.

Auch hier darf ein **gut isolierter, hundehütteähnlicher Schutzraum** mit ausreichender Belüftung nicht fehlen, in den sich das Schweinchen bei Wind und Wetter zurückziehen kann. Dieser Schutzraum muss einerseits so groß bemessen sein, dass das (oder die) Schweinchen bequem darin Platz findet (finden), andererseits so klein, dass der Raum durch die eigene Körperwärme des / der Schweine (s) einigermaßen erwärmt werden kann. Stroh als Einstreu hat sich sehr gut bewährt. Der Eingang sollte mit einem dicken Sack, besser mit einer Klarsichtpendelklappe versehen werden, damit nicht zu viel Wärme verloren geht.

Die Unterbringung

Allgemein

Zirka 2 Stunden am Tag, bei gutem Wetter, reicht den Minischweinchen, sich im Freien auszutoben und die Gegend zu erkunden. Schweine „verschlafen“ sowieso den größten Teil des Tages, so dass es ihnen wahrscheinlich gerade recht ist, ihre Ruhe „im Nest“ zu haben. Mini-Schweine sollten **nicht ausschließlich in der Wohnung** gehalten werden! Der Garten, insbesondere der Rasen oder ein Stück Wiese ist ein idealer Tummelplatz für die Tiere. Die Bewegung dort (im Sommer wie im Winter!) fördert zudem die Gesundheit.

Wie bereits berichtet, schließen Schweine, insbesondere Mini-Schweinchen schnell **Kontakt** zu anderen Haustieren wie z.B. **Hunden** und **Katzen**. Insbesondere wenn sie einzeln (als einziges Schwein) gehalten werden.

Mini-Schweinchen sollten möglichst nicht allein ohne mindestens einem „**Kameraden**“ gehalten werden. Als „Kamerad“ sei hier ein zweites Schweinchen, ein Hund, oder (jedoch eher weniger) eine Katze gemeint. Es sei denn, Sie haben wirklich 24 Stunden am Tag Zeit sich mit Ihrem Schweinchen auszutauschen!

Schweine sind, wie allgemein bekannt, sehr intelligente Tiere. Dieser fordert jedoch, dass sie in einem gewissen Rahmen beschäftigt sein wollen. Wird ein Schwein einzeln und ohne Kontakt zu kontaktfähigen anderen Säugetieren gehalten, kann es seelisch verkümmern und möglicherweise **aggressiv** werden. Es wird seinen Unmut an der Stall- bzw. Wohnungseinrichtung auslassen und sich dementsprechend damit beschäftigen und versuchen, sie zu zerstören! Die regelmäßige Beschäftigung mit dem Tier sowie ausreichend **Beschäftigungsmaterial** in Form von **Ball, Stroh, Hebebalken, Kaukette** wird bei geschickter Anwendung dies verhindern können.

Auch im Winter sind Mini-Schweinchen gerne mal draußen unter freiem Himmel! Ausgewachsene Göttinger Mini-Schweinchen

Die Unterbringung

Im Winter ist es im Haus für unsere Tiere natürlich schön warm, was sie natürlich zu schätzen wissen. Die Temperaturansprüche unserer Lieblinge allgemein, sind im 1. Kapitel, Das Mini-Schwein, ausführlich dargelegt.

Bei allen Haltungsformen wird der Abschluss einer **Tierhalter-Haftpflichtversicherung** empfohlen, die für Schäden, die durch unser Mini-Schweinchen an fremdem Eigentum sicher unbeabsichtigt entstehen, einspringt. In der Regel wird dies bei einer Haltung u.a. im Haus, einer Hunde-Haftpflicht-Versicherung entsprechen. Sprechen Sie mit Ihrem **Versicherungsfachmann**. Er wird sie sicher gut beraten, wenn dem einen oder anderen ein solcher Fall auch noch nicht untergekommen sein wird!

Zwei Beispiele ausbruchsicherer Behausungen für Mini-Schweine.

Im Hintergrund der oberen Abbildung eine **Schweinehöhle** in die sich die Tiere ins Strohbett zurückziehen können.

5. Kapitel: Die Erziehung

Auch ein Mini-Schweinchen braucht eine Erziehung!

Schweine sind <u>nicht wie Hunde</u>, bei ihnen geht alles nur ums Fressen.

Das artspezifische Verhalten von Schweinen kann man sich auch beim Umgang mit den Tieren, also bei der Erziehung zu Nutze machen. Eine gute Mensch-Schwein-Beziehung zeigt sich darin, dass die **Ausdrucksmittel des Tieres** verstanden werden. Schweine äußern sich mittels **Lautäußerungen**, der **Mimik** sowie **Verhaltensweisen**. Der erfahrene Tierfreund wird sich hiermit auseinander setzen um mit seinen Tieren „kommunizieren" zu können, und sich somit seine Intelligenz zunutze zu machen. Schweine können **Stimmen** von Menschen unterscheiden und erkennen am **Tonfall**, ähnlich wie Hunde, die Stimmung „ihres" Menschen.

Egal für welche Haltungsform Sie sich entscheiden, auch ein Schweinchen braucht eine Erziehung, die das Zusammenleben mit ihm angenehm erscheinen lässt. Dies beginnt mit dem Respekt voreinander. Tiere, die gut behandelt werden, neigen kaum zu **Aggressivität**, es sei denn sie werden zu wenig beschäftigt.

Absolut nicht geduldet werden sollte unter anderem, dass das Mini-Schweinchen Menschen anspringt oder sogar beißt. Auch nicht wenn dies aus Übermut geschieht, oder weil das Tier die Nähe des Menschen sucht!

Konsequenz, Entschiedenheit verbunden mit selbstbewusstem Auftreten, Geduld und Liebe sind die Basis einer jeden guten Erziehung. Schweine leben ursprünglich in der **Rotte,** die aus mehreren Familienmitgliedern besteht und eine feste „**Rangordnung**" hat. Dominante Schweine können durchaus auf die Idee kommen zum „Rottenführer" (ähnlich Rudelführer) aufsteigen zu wollen. Dies muss auf jeden Fall vermieden werden, denn wer will schon, dass sein Schweinchen im Haus das Sagen hat.

Körperliche Gewalt, sprich ein Schwein zu schlagen, wird wenigstens auf Dauer die Freundschaft nicht fördern. Schweine haben ein gutes Langzeitgedächtnis und ein sehr gutes Erinnerungsvermögen für negative Behandlungsweisen. Ein Schwein zu einer bestimmten Handlung zu animieren, kann jedoch gut mit Lob und natürlich einer Belohnung in Form von

Wiesenauer Mini-Schwein-Sau im Schweinsgalopp

Fressbarem gelingen. Wenn das Schweinchen z.B. aus dem Garten ins Haus kommen soll, läuten Sie, anstatt ihm nachzurennen, mit einem Glöckchen. Wenn es angetrabt kommt, geben Sie ihm ein kleines „Leckerli" z.B. ein paar Maiskörner. Der Klang des Glöckchens wird sich ihm dermaßen einprägen, dass es bald weiß was von ihm gewollt wird, bzw. dass es nun, wo auch immer, Maiskörner zu naschen gibt.

Die Erziehung zur Sauberkeit erfordert in der Regel nicht viel Probleme. Haben Schweine die Möglichkeit ihre **Exkremente** außerhalb ihres Schlafplatzes abzusetzen, werden sie diesen nicht verunreinigen. Es ist wichtig den Tieren ihre Kotecke „zu zeigen" am Besten dadurch, dass in besagter Kotecke (evtl. auch Katzenklo o. ä.) beim ersten Besuch Kot vorhanden ist. Ein Schweinchen wird dies sehr schnell begreifen und auch sein Geschäft dort verrichten. Zu beachten wäre, dass dieser Kotbehälter regelässig entleert und gesäubert wird.

Die Erziehung

Bleiben Sie in Ihrer Erziehung konsequent! Nichts was heute tabu ist darf morgen geduldet werden! Schnell hat ein Schweinchen „eine Schwachstelle“ gefunden und flutsch ist sie weg; Ihre möglicherweise mühselige Arbeit Ihr Schweinchen wenigstens ein bisschen zu erziehen.

Beachten Sie auch, dass das Schweinchen lernen muss sich immer und überall **berühren, anfassen und behandeln** zu lassen. Vor allem an den Ohren und Beinen sowie den Füßen. Bei notwendigen Untersuchungen etc. ist eine vorherige Gewöhnung an diverse „Berührungen“ von Vorteil.

Ein in jungen Tagen energisches Ferkelchen wird, wenn es etwas älter ist, in der Regel durch den täglichen richtigen Umgang ruhiger werden. Es wird sich meist problemlos niederlegen wenn ihm der Bauch gekrault wird oder sonstige Zärtlichkeiten Wohltat bringen.

Wenn ein Schweinchen an der Leine gehen soll muss es lernen das **Geschirr** anlegen zu lassen, es zu tragen und auch (brav) an ihr zu gehen. Gewöhnt werden sollte einem Ferkelchen zuerst das Anlegen und Tragen des Geschirrs. Ist diese Hürde überwunden, üben Sie zuerst in einer, dem Schweinchen vertrauten Umgebung das Gehen an der Leine. Erst wenn dies gut geht, gehen Sie, um dem Schweinchen die Ausflüge an der **Leine** schmackhaft zu machen, an ruhige Orte in der Umgebung. Wenn dem Schweinchen das Gehen an der Leine erst richtig vertraut ist, wird ihm auch Straßenverkehr in der näheren Umgebung seiner Route nichts mehr ausmachen. Vermeiden Sie jedoch bei den ersten Ausflügen jeglichen Kontakt mit ungewohnten Geräuschen bzw. Situationen bis das Tier einigermaßen gefestigt ist. Danach wird es sich wohl kaum mehr aus der Ruhe bringen lassen und Sie werden viel Freude (und viel Aufsehen) mit Ihrem Freund erreichen.

Mit genügend Geduld können einem Mini-Schweinchen auch einige Kunststückchen beigebracht werden. Z.B. **Peng**, das heißt das Schweinchen legt sich auf Kommando auf die Seite und spielt totes Schweinchen, (es will dafür natürlich am Bauch gekrault werden!); **Pfötchen**, d.h. Pfote geben (müsst eigentlich Klaui heißen, da Schweine Klauen und keine Pfoten haben!?);**Such**, einen versteckten Gegenstand (Leckerli) im Garten finden; etc.. Im einen oder anderen Hundebuch werden schöne, sicher auch „schweinegerechte“ Kunststückchen oder Spiele vorgeschlagen.

6. Kapitel: Die Zucht

Die Zucht von Schweinen ist (im Allgemeinen) nicht schwierig; wird man ihnen sagen, wenn sie mit einer erfahrenen Person darüber sprechen.

Jedoch gehört zu jeder (fachgerechten) **Vermehrung** von Säugetieren, wie auch bei unseren Mini-Schweinen, eine gewisse Kenntnis und ein wenig Fingerspitzengefühl, sowie eine gewisse Kenntnis über spezifische Verhaltensweisen und **Kunstgriffe**.

Es gibt genügend einschlägige Literatur über die Haltung und Zucht unserer großen Schweinerassen. Insbesondere über die moderne Schweinehaltung und **Vermehrung**. Die Mutterschweine werden meist in **Kastenständen** (ein rohrartiges Gestell über und um die Tiere) im Wartestall sowie im Abferkelstall zum **Abferkeln** gehalten in denen sie wenig Bewegungsfreiheit haben. In den 70er Jahren war eine zeitlang die **Halsanbindung** sehr modern, wurde aber bald verboten. Die Anbindung der Schweine mittels **Schultergurt** wird derzeit noch per Übergangsfrist in bestehenden Betrieben geduldet. Durch die Überarbeitung des Tierschutzgesetzes hat sich in den vergangenen Jahren einiges getan, wenn man bedenkt, dass nach dem Krieg viele Schweine in so genannter **Dunkelhaltung** ihr Dasein fristen mussten, um durch wenig oder gar keine optischen Reize keine Kalorien durch Bewegung zu verbrauchen und nur zu wachsen bzw. zu verfetten.

Was bei der landwirtschaftlichen Schweinevermehrung, die Haltung des Muttertieres während der Aufzucht der Ferkel im Kastenstand verständlich erscheinen lässt, ist allein der Verlust einzelner Ferkel durch erdrükken durch das Muttertier.

Unsere Mini-Schweinchen weisen meist sehr gute Muttereigenschaften auf. Sie sind sehr gute Mütter und reagieren meist sofort auf ein Wimmern bzw. Quieken eines ihrer Jungen, sollte „sie einem mal zu nahe kommen".

Aber beginnen wir von vorn:

Ein junges weibliches Schwein, im Fachjargon als **Lose** bezeichnet, sollte auch im Falle unserer Mini-Schweinchen erst im Alter von einem halben Jahr „**zugelassen**", d.h. gedeckt werden. Bei den größeren Verwandten unserer Mini-

Mini-Schweinchen sollten frühestens mit einem halben Jahr belegt werden.

Schweinchen wird als Gefahr beim früheren Belegen als Folge davon gesprochen, dass das Muttertier möglicherweise ihre Jungen nicht bzw. schlecht **austreiben** (gebären) kann, weil der **Geburtskanal** davor einfach noch zu eng ist und sich somit anatomisch bedingte Schwierigkeiten bei der Geburt einstellen können. Da sich unsere Schweinchen im Alter von einem halben Jahr durchaus schon in der 2. bzw. 3. **Rausche** befinden können, (so nennt man die empfängnisbereite Zeit bei Schweinen) sollte man darauf achten, dass sie in dieser Zeit selbstverständlich nicht mit geschlechtsreifen Ebern zusammen gehalten werden, da diese die Lose natürlich sofort decken würden.

Brunst, Rausche, Oestrus der Sau

Die Rausche tritt bei geschlechtsreifen nicht tragenden (**güsten**) Sauen im allgemeinen im Rhythmus von 21 Tagen auf. Sie gliedert sich in drei Abschnitte:
Vorbrunst, sie dauert etwa 3 Tage; **Hauptbrunst**, sie dauert etwa 2 ½ Tage; **Nachbrunst**, sie dauert etwa einen Tag. Insgesamt wäre die Brunst also 6 Tage lang. In der Praxis wird man jedoch von Vor- und Nachbrunst wenig bemerken, somit verbleiben 2-3 Tage.

Ist das weibliche Schwein rauschig und ein geschlechtsreifer Eber vorhanden rät die Fachliteratur über die landwirtschaftliche Schweinevermehrung, die normalrauschige Sau ca. 12-24 Stunden nach Beginn der 2,5 Tage dauernden Hauptbrunst einmal, 12 Stunden später ein zweites Mal entweder künstlich zu besamen, bzw. vom Eber decken zu lassen. Dies schont beim **Natursprung** auch den Eber, der in der Zucht- bzw. Mastschweinevermehrung für ca. 25 Sauen „zuständig ist". Für die Vermehrung von Mini-Schweinchen ist dies meist nicht vordergründig relevant, da in den wenigsten Fällen die Zucht professionell bzw. nur auf finanzielle Ausbeute gerichtet, betrieben werden wird. Ist die Sau also rauschig kann sie während der Rausche, vorausgesetzt **„die Sau steht"**, dem Eber 2 x pro Tag zugeführt werden, der sie dann in der Regel begatten wird. Oder die Sau wird mit dem Eber zusammen gehalten, wobei darauf zu achten ist, dass die Sau räumlich gesehen auch genug Ausweichmöglichkeit hat, da Eber oft über die Tage der Rausche sehr zudringlich werden können. Ein Zusammenhalten während der Rausche der Sau mit mehreren Ebern ist nicht ratsam, da die Aufdringlichkeit der Eber auch zur körperlichen Erschöpfung der Sau führen kann und dies für ihre Gesundheit nicht gerade zuträglich ist.

Die Zucht

Zum sicheren Auftreten der Rausche bei einem weiblichen Schwein ist **Eberkontakt** von entscheidender Wichtigkeit. Das heißt, die Sau sollte den Eber **sehen**, **hören** und vielleicht sogar **riechen** und **berühren** können. Auch der **Kopf-an-Kopf-Kontakt** mit dem Eber ist sicher wichtig, was bei unserer Mini-Schweinezucht sicher gegeben ist, da hier der **Natursprung** (die Tiere werden natürlich miteinander verpaart) vorherrschen wird.

Belegung

Eber zeigen brünstigen, wie nicht brünstigen Sauen gegenüber die gleiche „**Anmache**“. Sie nähern sich den Tieren an, beschnuppern diese, versuchen sie zu treiben und beginnen mit dem klatschen der Kiefer. **Speichelfluss**, manchmal richtiges **Schaumschlagen** und Aufspringversuche folgen. Vor dem **Aufsprung** legt der Eber seine Schnauze auf die Schwanzwurzel der Sau. Ist die Sau paarungsbereit duldet sie danach den Aufsprung des Ebers. Der Deckakt selbst kann 5 bis 10 Minuten dauern. Er wird auch manchmal unterbrochen und wieder neu aufgenommen. Es sei hier auch erwähnt dass junge Eber den **Geschlechtsakt** auch durch Beobachtung lernen. Bei einem normalen Deckakt eines Ebers der landwirtschaftlichen Schweinevermehrung in Zuchtkondition, trifft Ejakulat mit einer Spermamenge von ca. 40 Mrd. Spermien (im Mittel, Jung- und Alteber) auf ca. 10-25 Eizellen. Die Spermien haben in der Regel eine Lebensdauer von mindestens 12 bis 18 Stunden. Noch in der Sau machen sie einen Reifungsprozess durch.

Trächtigkeit

Da mit einer grundsätzlichen Zeitspanne von 21 Tagen für den Zyklus gerechnet werden kann, darf also 3 Wochen nach der erfolgreichen Belegung eine erneute Rausche nicht auftreten. Rauscht die Sau nach dieser Zeit erneut, hat keine erfolgreiche Belegung stattgefunden. In diesem Fall rauscht die Sau um. Eine **Umrausche** kann verschiedene Ursachen haben: War die Sau überhaupt rauschig?; falscher Belegungszeitpunkt, nicht befruchtungsfähiger Eber, Infektionen, Stress für die Sau, etc.. In der einschlägigen Fachliteratur wird intensiver auf das Thema Brunst eingegangen.

In der Regel hat jedoch eine erfolgreiche Belegung unserer Mini-Schweinedame stattgefunden und sie sieht nun dem erfreulichen Ereignis der Geburt entgegen. **Bewegung, viel frische Luft und eine ausgewogene Ernährung** tragen mit dazu bei, dass die Geburt ihrer Ferkelchen gut vonstatten gehen wird. Sie sind übrigens auch **brunstfördernde** Kompo- nenten wie bei ausbleiben der Rausche beachtet werden sollte!

Die Zucht

Im Stadium der Trächtigkeit sollte mit Schweinen allgemein vorsichtig umgegangen werden! Rauher Umgang, starke Auseinandersetzungen mit Artgenossen und schreckhaftes Erregen sind zu vermeiden. Sie könnten Auslöser von vorzeitigen Abgängen sein, die in der landwirtschaftlichen Ferkelerzeugung einen finanziellen Nachteil bringen können.

Die Dauer der Trächtigkeit liegt bei Schweinen allgemein bei 114 bzw. 115 Tagen. Die ungeborenen Ferkel machen in den letzten 4 Wochen im Mutterleib den größten **Wachstumsprozess** durch und nehmen gerade in dieser Zeit rapide zu. Zu beachten wäre hier der erhöhte **Nahrungsbedarf** des Muttertieres. Zu früh geborene Ferkel (vor dem 112. Tag) sind in der Regel wenig lebensfähig. 1-2 Tage vor der Geburt wird die Sau, evtl. bedingt durch ihre Leibesfülle, ruhiger werden. In dieser Zeit dürfen sie ruhig die Fütterungsrationen etwas zurückfahren, wodurch eine mögliche Gefahr der Erkrankung an **Milchfieber** gemindert wird. Dem Muttertier schadet dies nicht, im Gegenteil, der weniger gefüllte Darm wird sich während der Geburt als positiv erweisen. Frisches Wasser sollte aber immer zur freien Verfügung stehen! Eventuell sollte das Muttertier zum Ende der Trächtigkeit einer **Wurmkur** (Endoparasitenbehandlung) unterzogen werden, gegebenenfalls auch einer Ektoparasitenbehandlung (Räude, Parasiten, Läuse und Milben), die unsere Mini-Schweinchen jedoch seltener haben. Man kann das Schwein ca. eine Woche vor dem Termin der Niederkunft einer gründlichen **Sauenwäsche** unterziehen, wobei evtl. dem (warmen) Waschwasser ein Ektoparasitenbehandlungsmittel zugegeben werden kann. Am Besten Sie befragen hierzu Ihren Tierarzt.

Hochträchtiges Göttinger-Minischwein kurz vor dem ferkeln.

Die Geburt:

Die Geburt kündigt sich frühzeitig an: zunehmende Leibesfülle, geschwollenes **Gesäuge**, straffe, gerötete Zitzen und geschwollene wie gerötete Schamlippen. Bei Einzelhaltung vor, während und nach der Geburt hat die Sau Ruhe und Entspannung, die sie in dieser Zeit braucht!

Wenn die Sau Stroh zur Verfügung hat, wird sie möglicherweise (nicht immer) ihrem Instinkt folgend ein **Nest bauen** wollen. Dieser Trieb beschäftigt das Mini-Schweinchen, während die Wehen beginnen einzutreten. Lassen sie es also gewähren. Die Sau wird unter Umständen auch, bedingt durch die nahende Geburt kleinere Mengen Kot absetzen. Dies ist ein sicheres Zeichen, dass in den nächsten 12 Stunden die Ferkelchen kommen werden. Die Sau wird sich auf die Seite legen und unter Zusammenziehen der Bauchmuskulatur und der **Gebärmutter** die Jungen austreiben. Die Ferkelchen kommen problemlos vorwärts oder rückwärts zur Welt. Von den **Eihäuten** befreien sie sich meist selbst. Die Nabelschnur reißt von allein ab oder wird durch die Ferkelchen selbst abgerissen. Die **Nachgeburt** sollte in der Zeit bis zu einer Stunde nach der Geburt des letzten Ferkelchen ausgetrieben werden. Die Geburt insgesamt sollte bei Minischweinchen bei **max.** ca. 4 Stunden liegen. Sie kann als abgeschlossen betrachtet werden wenn die Nachgeburt ausgeschieden ist, bzw. wenn die Sau aufsteht und sich für die Ferkelchen und ihre Umgebung zu interessieren beginnt oder Nahrung (Wasser!) aufnimmt. Nach ihrer Geburt werden die Ferkelchen aktiv und suchen (meist von allein) das **Gesäuge** der auf der Seite liegenden, von der Geburt geschwächten Sau auf. Bei der landwirtschaftlichen Schweinevermehrung kann es vorkommen, dass die Geburt bei falscher Lage der Ferkelchen, oder zu großer bzw. abgestorbener Früchte (Ferkelchen) trotz ausreichender Presswehen nicht weiter geht. Dann ist Geburtshilfe erforderlich, die bei unseren Mini-Schweinchen nur der Tierarzt leisten kann. Solche Probleme sind bei unseren Mini-Schweinen aber eher unwahrscheinlich.

Wärmequelle

Die **geburtsnassen** Ferkelchen müssen so schnell als möglich abtrocknen, damit möglichst wenig eigene Körperwärme dazu verbraucht wird. Wärme ist dabei sehr hilfreich. Der Temperaturschock den die Ferkelchen durch die Geburt erleiden, von ca. 39,0 Grad C im Mutterleib in die neue Umgebungstemperatur bringt den Kreislauf der Ferkel

Die erste Milch trinken und Wärme sind lebensnotwendig für die kleinen Ferkelchen!

schnell in Schwung. Da neugeborene Ferkelchen ihre Körpertemperatur nur schlecht regulieren können, kann diese nur ausgeglichen werden, wenn die Ferkelchen unmittelbar nach der Geburt Nahrung aufnehmen. Um den Ferkelchen Wärme zuzuführen ist das Aufhängen einer elektrischen **Infrarot-Lampe** empfehlenswert. Zum Abferkeln hat sich eine leicht mit Stroh eingestreute, nach oben und einer Seite offene Wurfkiste (ca. 80 x 120 cm groß) bewährt, über der die Lampe aufgehängt wird. Die Sau wird darin ihre Jungen zur Welt bringen und meist legt sie sich so, dass die Lampe dann über ihrem Gesäuge Wärme spendet, an dem sich die Ferkel gleich nach der Geburt zu schaffen machen,. Dies bringt dann zwei wünschenswerte Effekte mit sich; die neugeborenen Ferkelchen können von oben wohlgewärmt (1) Ihre „erste Malzeit (2) einnehmen“. Bitte beachten Sie für das Aufhängen der Lampe die Instruktionen und Sicherheitsabstände des Herstellers!

Manchmal ist es notwendig, dass die **Nabelschnur** der Ferkelchen nach der Geburt noch etwas zurückgeschnitten wird, da sie die Tierchen sonst bei ihren Aktivitäten stört. Dabei sollte jedoch beachtet werden, dass eine **desinfizierte, stumpfe Schere** verwendet wird. Die Nabelschnur sollte dabei auf eine Länge von ca. 5 cm verkürzt werden, die nach 1-2 Tagen abtrocknet und von allein abfällt.

Die genügende Aufnahme der ersten (**Biest-** bzw. **Kolostral-**) **Milch** der Sau ist für die kleinen Ferkelchen lebensnotwendig. Enthält sie doch die überlebenswichtigen Immo- und Gammaglobuline. Ferkel bekommen vom Muttertier praktisch **keinen Immunschutz** mit auf diese Welt. Alles hängt von der raschen und ausreichenden Aufnahme der Biestmilch ab!

Frisch geborene Ferkelchen einer Göttinger-Minischwein-Sau

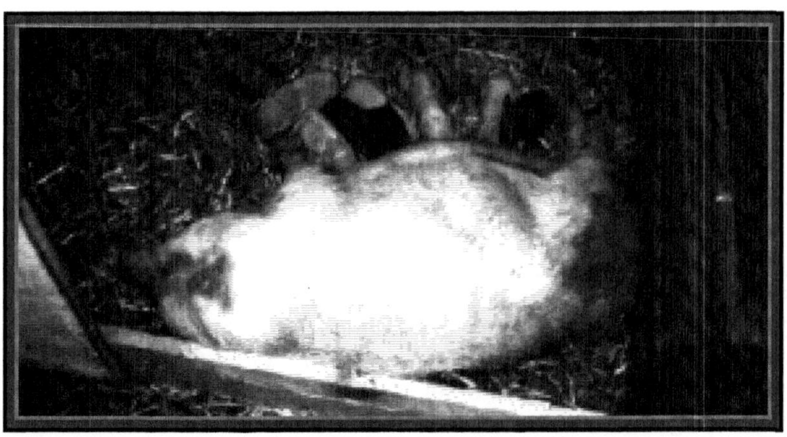

Sollte das Muttertier, was jedoch selten vorkommt, nach der Geburt verenden, kann versucht werden die Ferkelchen mit **Ferkelmilch** (Kunstmilch-Pulver zum anrühren) von Hand (mit der **Flasche**) aufzuziehen. Dies ist jedoch eine mühselige Arbeit, da die Tierchen zu Beginn der Aktion nicht einsehen wollen, warum sie stündlich an dieser Kunstzitze saugen sollen. Auch in diesem Falle sollten die Ferkelchen zuerst, so viel wie möglich Biestmilch vom Muttertier aufnehmen, da diese wie schon gesagt, lebenswichtige Inhaltsstoffe besitzt.

Ferkelmilch (-pulver) ist in der Regel in landwirtschaftlichen Märkten z.B. Raiffeisen, erhältlich. Das Haltbarkeitsdatum, wichtig für deren Vitamine, ist auf dem Sack aufgedruckt. Achten sie darauf, dass es noch nicht abgelaufen ist!

Zusammensetzung von Sauenmilch:

17-20,5 % Trockensubstanz,
5,3-7,3 % Gesamtprotein,
3,9-9,5 % Fett,
3,1-6 % Milchzucker.

Die Säugezeit

Normalerweise sind unsere Mini-Schweinchen, wie bereits erwähnt, sehr gute, treusorgende Mütter. Sie lassen die kleinen Ferkelchen oft saugen und reagieren auf das kleinste Gequieke der sich auch manchmal zankenden Kinder.

Schweine reagieren sehr auf Stimmen und sie kennen jeden der dazugehört. Auch den Pfleger. Ein altes Sprichwort sagt: **„Eine Hand die einen füttert soll man nicht beißen".** Bei unseren (jungen) Mini-Müttern gilt dies jedoch nur bedingt. Auch bei Mini-Schweine-Müttern kann es Angriffe auf den Pfleger geben, selbst wenn es sich dabei um ein „Missverständnis" handelt. Jedoch bei Junge führenden Müttern ist dies sicher entschuldbar.

Am besten man kommt den Ferkelchen in der Gegenwart der Mutter ungeschützt nur bedingt nahe, da es sein kann, dass sie ihre Kinder verteidigen wollen. Dies kann mit einem Biss in den Schuh genauso enden wie mit einem Biss in den Waden, der sehr schmerzhaft sein kann und von vorn herein nicht unterschätzt werden sollte!!

Wenn also irgendeine möglicherweise missverständliche Maßnahme an bzw. mit den Ferkelchen durchgeführt werden muss, trennt man das Muttertier am Besten aus Sicht- und Hörweite, damit von ihr keine Gefahr droht.

Mini-Schweine sind im allgemeinen sehr gute Mütter!

Schon in den ersten Stunden bildet sich eine Saugordnung.

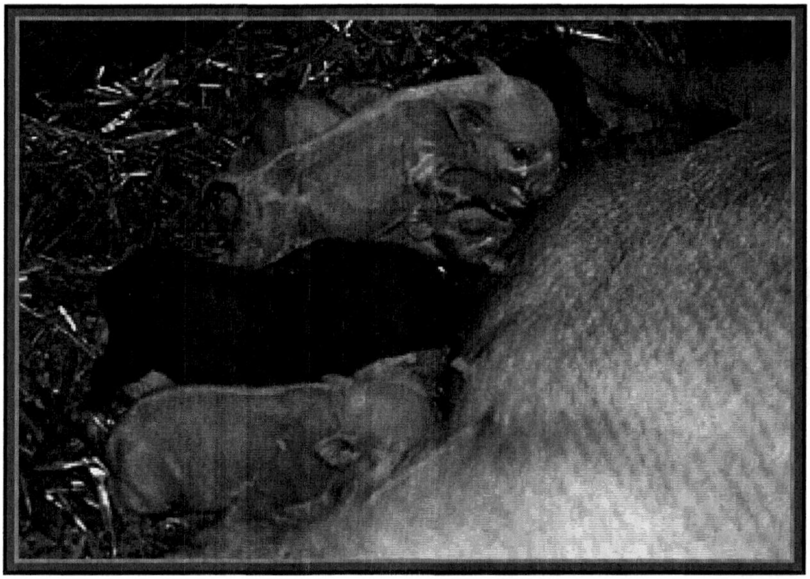

Saugordnung

In den ersten Lebenstagen bildet sich bei Ferkeln eine Saugordnung, die über die gesamte Säugezeit eingehalten wird. Die stärksten und größten Ferkelchen haben ihren Platz in der Regel an den vorderen Zitzen. Zu meinen die vorderen Zitzen wären in ihrer Milchproduktion ergiebiger, wäre ein fataler Irrtum. Nur durch ihre Nähe zum Kopf der Sau werden diese mehr umkämpft, mehr massiert und somit die Milchproduktion mehr angeregt als bei den anderen Zitzen weiter hinten. Die ursprüngliche Saugordnung der Ferkel geht allmählich in die sogenannte **Rangordnung** über, die, wird der Wurf unverändert beieinander belassen, identisch mit der Saugordnung sein wird. Wird eine Gruppe (auch erwachsener Tiere) neu zusammengestellt, werden **Rangkämpfe** durch mehr oder weniger harte Auseinandersetzungen ausgeführt, die den Platz eines jeden Tieres festlegen. Für den Rang eines Tieres in der Gruppe spielen hauptsächlich Alter, Geschlecht, das Gewicht sowie die Verfassung eines Tieres eine Rolle.

Das Absetzen

Absetzen nennt man den Vorgang durch den die Ferkelchen von der Mutter getrennt werden und nicht mehr auf ihre Nahrungsquelle Muttermilch zugreifen können. In der landwirtschaftlichen Schweinevermehrung wird im Alter zwischen 3 und 6 Wochen abgesetzt. Das deutsche **Tierschutzgesetz** erlaubt ein Absetzen der Ferkelchen ab einem Alter von 21 Tagen. Für Mini-Schweinchen ist ein Absetzen sicher erst ab einem Alter von 30 Tagen akzeptabel. Jedoch sind auch schon Fälle bekannt geworden in denen Ferkelchen mit Kunstmilch (Ferkelmilch) von Hand aufgezogen wurden. Diese Tiere werden bei richtiger Handhabung stark auf Menschen geprägt und sehr zahm.

Das Absetzen der Ferkelchen ist für die Tiere mit **Stress** verbunden, der möglicherweise mit Gewichtsabnahme- bzw. einer Wachstumsstagnation verbunden sein kann. Meist begründet sich das Absetzen bei den Mini-Schweinchen mit deren Verkauf an andere Tierhalter. Wenn vor der Abgabe der Ferkel darauf geachtet wird, dass sie gut fressen wird jedoch das Absetzen keine nachteiligen Folgen mit sich bringen. Vielleicht sollte hier noch erwähnt werden, dass bei großen Würfen nicht alle Jungtiere auf einmal abgesetzt werden sollten, da die Muttersau sonst mitten in ihrer höchsten Milchproduktionsphase von einer Stunde auf die andere keine Abnehmer für ihre Milch mehr hat. Besser man setzt stufenweise ab, so dass einige wenige Ferkelchen die Mutter noch „zu Ende melken“.

Gut genährte Wiesenauer-Ferkel im Alter von ca. 3 Wochen

Ferkeldurchfälle

Gegen Ferkeldurchfälle hat sich neben vom Tierarzt verabreichten Medikamenten auch immer wieder ein altes Hausmittel bewährt. Man kann den Tieren Erde vorlegen, die teilweise von den Tieren aufgenommen, schon „wahre Wunder“ vollbracht hat. Natürlich muss die Erde (am besten aus einer sauberen Wiese herausgestochener Humus mit Grasnarbe) sauber sein, und darf auf keinen Fall irgendwie kontaminiert sein!! Auch Torf oder Komposterde, evtl. Holzkohle kann den Tierchen gereicht werden. Durch Wasserentzug, also nur trockene Nahrung zu verabreichen, kann Durchfall nicht gestoppt werden!

Bösartigkeit des Muttertieres

Wie bei allen Tierarten kann auch bei Schweinen eine Bösartigkeit gegenüber den eigenen Jungen auftreten. Dies ist aus der landwirtschaftlichen Schweinevermehrung bekannt. Es zeugt unter anderem von der Unerfahrenheit bei Erstgebärenden. Oft können diese Tiere, die ihnen durch die Geburt verursachten Schmerzen nicht einordnen und sehen ihre eigenen Jungen als "Feinde“ an und töten diese oft unter lautem Geschrei. Bei der natürlichen Haltungsform, die unsere Mini-Schweinchen genießen, wird dies jedoch nur in den seltensten Fällen zu beobachten sein.

Zootechnische Maßnahmen

In der landwirtschaftlichen Schweinevermehrung werden zootechnische Maßnahmen wie z.B. Zähne abkneifen, Kastrieren der Eberferkel, Schwänze kürzen etc. durchgeführt. Bei der Zucht von Mini-Schweinchen sind solche Maßnahmen jedoch nicht gebräuchlich. Daher werden wir hier auf diese nicht näher eingehen. Fragen Sie bei Bedarf Ihren Tierarzt.

Das Anfüttern der Ferkelchen

Ferkelchen sind schon wenige Stunden nach der Geburt recht neugierig. Einige Tage danach tauen sie dann so richtig auf und müssen alles erschnuppern und mit der Rüsselscheibe ertasten. Klares **lauwarmes Wasser** sollte den Ferkeln schon nach der Geburt zur freien Aufnahme gereicht werden.

Schon im Alter von wenigen Tagen beginnen die Kleinen an fressbarem und nicht fressbarem herumzuknabbern. Insbesondere wenn das Muttertier in ihrer Nähe gefüttert wird, zeigen die Ferkel bald, angelockt vom Schmatzen, Interesse an den Mahlzeiten der Mama. Es kann dann versucht werden, sie mit **Ferkelkörnern** (Raiffeisen) anzufüttern.

Göttinger Mini-Schwein-Ferkel

Langsam werden die Jungen zu fressen beginnen. Obst, Gemüse, warme gekochte Kartoffeln, Haferflocken, (warme) Ferkelmilch, Schrot etc. . **Beachtet werden sollte, dass keine „vergammelten" Futterreste in der Nähe der Ferkelchen umherliegen dürfen, die diese möglicherweise aufnehmen!**

Im Alter ab 20 Tagen werden die Kleinen immer größeres Interesse an Mutters Mahlzeiten haben, wenn diese auch immer noch sehr viel schneller frisst als ihre Kinder. Ferkelchen mögen auch sehr gerne lauwarmen **Brei** der aus o.g. Futtermitteln hergestellt werden kann und nehmen diesen meist gerne an.

Einige Mini-Schweine-Züchter versprechen, Ihre Ferkel würden ausgewachsen wenig über 10 kg schwer werden. Dies setzt jedoch voraus, dass die Tiere (von Geburt an) nur nach vorgegebenem **Futterplan** ernährt werden, der nur soviel enthält, dass die Tiere gerade überleben also dem Hungertod entrinnen und somit **auch im Wachstum zurückbleiben!** Diese Tiere werden systematisch dermaßen kurz gehalten, dass sie nicht fortpflan-zungsfähig sind, bzw. dass mit ihnen nicht gezüchtet wird! **Möchten Sie ein Tier im Haus haben, das sich niemals satt fressen darf?** Seien Sie also besonders skeptisch wenn Ihnen Ferkel angeboten werden, die **genetisch** zwar **große Vorfahren haben (Elterntiere zeigen lassen!!!),** selbst jedoch nur einen Bruchteil deren Größe und Gewicht erreichen sollen.

7. Kapitel: Das richtige Futter

Liebe geht (immer) durch den Magen, würde Ihnen Ihr Mini-Schweinchen sicher sagen, könnte es reden. Denn Schweine sind, wie bekannt, Allesfresser. Bei unseren Lieblingen könnte dies dazu verleiten, ihnen alles und in jeder Menge vorzulegen. Und genau darin liegt ein Geheimnis der Miniaturschweinehaltung; **die Tiere relativ knapp zu füttern, ohne sie jedoch hungern zu lassen.** Im Zweifelsfall füttern Sie Ihr Tier besser etwas weniger.

Zur bevorzugten Speise

der Minischweine gehören, **Brot**, **Obst** (in jeder Form und jeder Art), **Gemüse** (Vorsicht bei Kohl!), **Kartoffeln** (bitte **nicht nur roh**, da die Tiere die Stärke der rohen Kartoffel nicht erschließen können). Es gibt auch Pferdefutter, das sich in der Zusammensetzung durchaus eignet. **Ferkelkörner** (Raiffeisen, eigentlich wie der Name schon sagt für Ferkel) mögen die Tiere natürlich auch gerne. Füttern Sie Ihrem Mini-Schwein **niemals rohes Fleisch**. Eine Übertragung von Keimen kann nur durch **Überhitzen** gewährleistet werden!
Als Schweinefutter **ungeeignetere Futtermittel** sind **Lauch und Zwiebelgewächse, sowie Zitrusfrüchte**.

Bananen mögen die meisten Schweinchen sehr jedoch dürfen sie nur ohne Schale verfüttert werden!

Wildschweinfutter das fertig in Säcken bezogen werden kann wird von den Tieren natürlich sehr gerne angenommen. Hier ist von einer artgemäßen Ernährung, natürlich unter Zusatz von frischem Obst und Gemüse etc. auszugehen.

Die Verfütterung von unsachgemäß erhitzten **Speiseabfällen** gilt u.a. als Hauptvirusüberträger der **Europäischen Schweinepest**! Speiseabfälle müssen vor dem Verfüttern mindestens 10 Minuten lang auf eine Kerntemperatur von 80°C erhitzt werden!

Gras- und Grünmehlpellets sind aus Gras bzw. Gras, Klee, Luzerne und Laub. Dieses Material wird ca. 1 cm lang gehächselt und bei ca. 80 ° C getrocknet, danach in einer Matritzenpresse zu Pellets von 9 –18 mm gepresst. Durch die Trocknung werden die schädlichen Pilzsporen abgetötet, nicht jedoch die Vitamine. Zum Vergleich: Bei der Heutrocknung bleiben die Vitamine weitgehend erhalten, jedoch auch die Pilzsporen.

Tiermehl ist in einigen Mastfuttermittel (eigentlich für Mastschweine) vorhanden. Sie sollten nicht verfüttert werden. Achten Sie auf den Aufdruck der auf dem Futtersack aufgeklebt ist.

Das klassische Futtermittel der landwirtschaftlichen Schweinezucht und –mast ist heute die Gerste, nach Mais und Hafer. Das Getreide wird in der Regel in geschrotetem Zustand meist als Brei, seltener in trokkenem Zustand gefüttert. Bei der Ernährung von Schweinen mit **Getreideschrot** sollte hier noch erwähnt werden, dass dieses zu den sogenannten „**Kompaktfuttermitteln**“ gehört, d.h. dass dieses im Vergleich zu seinem Gewicht einen hohen Nährwert beinhalten. Somit kann ein Schwein, egal welcher Rasse, durchaus mit einer gewissen (relativ geringen Gewichts-) Menge an Getreideschrot laut seinem **Kalorienbedarf** ernährt werden. Was dann fehlt ist die **Magenfülle**, die dem Tier signalisiert „ich habe genug, mein Bauch ist voll“. Mit anderen Worten der Kalorienbedarf ist voll gedeckt, aber das Tier ist immer noch hungrig. Wer sich für solch eine Fütterung entschließt, sollte den Tieren immer frisches Stroh zur Verfügung stellen. Dies hat zwei Vorteile: Zum einen fressen die Schweine davon und erreichen somit „den vollen Bauch“, zum anderen dient es ihrer Beschäftigung.

Für eine rationelle Fütterung hat sich die Einhaltung von 2 Mahlzeiten pro Tag bewährt.

Das heißt, Morgens und Abends bekommen die Schweinchen zu bestimmter Stunde Ihre „Mahlzeit“ wo sie (sich satt) fressen dürfen. Die Mahlzeit kann außerdem genutzt werden um einen **Kontakt** zwischen (vielleicht scheuen) Tieren und dem Betreuer oder Pfleger herzustellen, indem die Tiere während des Fressens sanft gestreichelt werden. **Außerhalb der festen Mahlzeiten werden die Schweinchen möglichst nicht gefüttert.** Auch nicht nach einem noch so treuherzigen Schweineblick. Denn hat Ihr Tierchen erst einmal herausbekommen, dass sich „sein Mensch“ zu Futterrationen oder Leckerli außerhalb der Mahlzeit hinreißen lässt, kann es sein, dass das Schweinchen beginnt, regelrecht um Futter zu betteln. Dies kann dann sogar in **Gequieke** und **Geschrei** enden; eben solange bis es seinen Willen (Futter) bekommt.

Um **Ferkelchen** die Nahrungsaufnahme zu erleichtern kann ein **warmer Brei aus verschiedenen zu Mus verarbeiteten Futtermitteln** (Obst, gekochte Kartoffeln, Schrot oder Haferflocken, warmes Wasser) gereicht werden, der in der Regel sehr gut angenommen wird.

Zwei Mahlzeiten pro Tag reichen Mini-Schweinchen vollkommen aus.

Das richtige Futter

Täglich eine Hand voll Stroh bringt Beschäftigung und auch Magenfülle

Frisches, sauberes, nicht zu kaltes **Wasser** (für Ferkelchen immer lauwarmes Wasser!) sollte immer zur freien Aufnahme unseren Minischweinchen bereitstehen. Die Tiere sollten im Winter nicht das **Eis** aus ihrem Trog „schlotzen" müssen, bzw. im Sommer eine Brühe serviert bekommen, in der sich schon **Algen** ansetzen. Die Aufnahme von Bakterien und **Krankheitserreger** ist hier vorprogrammiert!

Achten Sie auch darauf, dass Ihr Tier genügend **Vitamine** zu sich nimmt. Minerallecksteine sowie frisches Gras im Sommer sind hierfür geeignete Futtermittel.

Im Handel (Raiffeisenmarkt) sind auch **Fertigfutter**, wie Wildschwein- oder Pferdefutter, erhältlich, die weitestgehend den (Kalorien-) Bedarf unserer Lieblinge decken. Auch hier sollte Grünfutter und Obst, wie auch Gemüse als Ergänzung nicht fehlen.

Um den **Spieltrieb** der Schweinchen, wie auch die **Magenfülle** zu unterstützen, kann besonders im Winter täglich eine Hand voll **Stroh** in die Liegehütte gegeben werden. Zum einen beschäftigt sie das Tier über einen gewissen Zeitraum, zusätzlich nehmen die Tiere das Stroh auf und erreichen somit eine für sie angenehme Magenfülle, die sozusagen „kalorienarm" ist.

Die für Ihr Tier richtige Futtermenge (es gibt auch bei Schweinen gute und schlechte Futterverwerter) richtet sich nach der Konstitution eines jeden einzelnen Tieres. Betrachten Sie Ihr Tier unvoreingenommen und Sie werden erkennen, ob es zu dick ist. Dann fahren Sie mit der täglichen Futtermenge einfach etwas zurück. Ist das Tierchen zu mager (sieht man z.B. die beiden Beckenknochen auffällig herausstehen) legen Sie der bisherigen Futtermenge einfach etwas hinzu. Lassen Sie die Tiere schon in seinem eigenen Interesse nicht zu fett werden, da dies die Lebenserwartung eines Mini-Schweinchens, auch ohne Gefahr zu laufen als Kotelett in der Theke eines Fleischerfachgeschäftes zu landen, absolut einschränkt.

Vorsicht Giftpflanzen. Giftpflanzen sind in unseren (Zier-) Gärten durchaus anzutreffen. Am häufigsten werden die Thuja-Hecken angeknabbert, was den Tierchen aber ganz und gar nicht bekommt! Vergiftungserscheinungen zeigen sich in der Regel zuerst durch Erbrechen. Bei länger anhaltendem Würgen bzw. anschließende Fressunlust des Schweinchens kontaktieren Sie bitte Ihren Haustierarzt!

Das richtige Futter

Auf keinen Fall sollte schimmliges, faules, oder gar sauer gewordenes Futter verabreicht werden. Gesundheitsschäden bis zum Tod des Tieres können die Folge sein! Ungeeignet sind zudem **Knochen** jeder Art!

Zudem darf das Futter für unser Schweinchen auf keinen Fall mit Ratten- oder Mäusekot verunreinigt sein. Auch darf es keinen Kontakt zu diesem bekommen, da das Mini-Schweinchen diesen eventuell aufnimmt (frisst). Da **Schadnager-Kot** Krankheitskeime in sich bergen kann, ist eine solche Aufnahme rigoros zu unterbinden!

Zucker ist auch für unsere Schweinchen eine willkommene „Versüßung" des Lebens. Kaum ein anderes Tier reagiert so auf Süßes wie ein Schwein, ob etwas Limonade im Trinkgefäß, oder in Form von Marmelade (kann zur Verabreichung von Medikamenten durchaus genutzt werden!), Süßes wird in der Regel ohne Wiederrede ruck zuck aufgenommen und verschlungen. Denken Sie bei der regelmäßigen Gabe von zuckerhaltigen „Leckerli" daran, dass auch ein Schweinchen **Karies** bekommen kann, was, wie bei Hunden auch, möglicherweise eine Zahnbehandlung beim Tierarzt notwendig werden lässt. Vermeiden Sie also möglichst überflüssige Gaben von solchen „Luxusfuttermitteln".

Salzige Futtermittel sind den Tieren dagegen eher unangenehm.

Aus der **Freilandhaltung** unserer landwirtschaftlichen Schweinevermehrung wird berichtet, dass sich selbst tragende Muttersauen, bis zu einem gewissen Stadium der Trächtigkeit, durchaus von **Gras allein** ernähren können. Hierfür muss jedoch eine gut gepflegte Weide vorhanden sein, die junges, frisches und nährstoffreiches Grünfutter in entsprechenden Mengen bietet. Empfehlenswert ist die ausschließliche Ernährung unserer Minischweinchen mit Gras auf der Weide weniger, denn wenn die Weide nicht genug hergibt, versuchen Schweine, gelenkt von ihrem **Erkundungsverhalten**, weitere Nährstofflieferanten unter der **Grasnarbe** zu suchen (das Schweinchen beginnt zu **wühlen**) und somit diese zu zerstören!

Angemerkt sei hier auch, dass Tiere die nicht ganzjährig Zugang zur Weide, also **frischem Gras** haben, durch plötzliche und unkontrollierte Aufnahme **Durchfall** wie auch **Blähungen** bekommen können.

Keine schimmligen oder fauligen Futtermittel verabreichen!

Tragende Göttinger Mini-Schwein-Sau beim Gras fressen

8. Kapitel: Pflege und Gesundheit

Die Pflege:

Eine alte Bauernregel sagt: **„Ein Auge muss der Bauer immer beim Vieh haben“.**
Mit anderen Worten, ein Tierhalter der die Verhaltensweisen seiner Tiere kennt, kann allein durch Beobachtung, und somit frühzeitigem Reagieren auf Störungen, eine Menge (Tierarzt-) Kosten sparen.

Die Pflege unserer Miniatur-Schweine erfordert im Allgemeinen einige **Kunstgriffe**, etwas **Fachkenntnis** sowie ein **waches Auge**.

Im folgenden einige wiederkehrende **Pflegemaßnahmen**:

Die Hautpflege
Wenn Sie Ihr Mini-Schweinchen daran gewöhnen, werden Sie feststellen, dass es bald ohne das tägliche Striegeln nicht mehr sein will. Die Bürste sollte allerdings nicht zu weich sein! Das **Striegeln**, fördert die **Durchblutung**, strafft die Borsten und fegt abgestorbene **Hautschuppen** aus. Zudem fördert es den **Kontakt** zwischen dem Tierhalter und seinem Schützling. Damit sich das Schweinchen in gewissem Umfang selbst pflegt, kann ihm ein **Scheuerbalken** angeboten werden. Schweine verspüren einen starken Drang ihre Haut durch scheuern zu pflegen. Gibt man den Tieren nicht bewusst **Scheuerbalken** bzw. – Pfähle, könnten sie sich selbst geeignete Gegenstände suchen. Ein Scheuerbalken ist ein schräges, auf zwei senkrechten Hölzern liegendes (Kant- oder Rund-) Holz, das am einen Ende kurz über dem Boden liegt, am anderen Ende so hoch ragt, dass das Tier darunter hindurch gehen kann. An diesem Scheuerbalken können die Schweine u.a. sich selbst den Rücken scheuern und werden diese Hilfe gerne annehmen.

Sonnenbrand
Blonde Minischweine können einen Sonnenbrand bekommen. Also Vorsicht! Bei öfterem Kontakt mit der Sonne vom Frühjahr an, besteht jedoch keine Gefahr. Wenn die Schweinchen jedoch erst im Hochsommer, ohne eine vorherige allmähliche Gewöhnung, an die Sonne kommen, sei beachtet, dass sie sich sehr wahrscheinlich durch die Wärme angezogen, sofort mehrere Stunden an die pralle Sonne legen werden, was verständlicherweise zu einem starken Sonnenbrand führen wird. Die Tiere können nicht selbst einsehen, dass in diesem Fall lang-

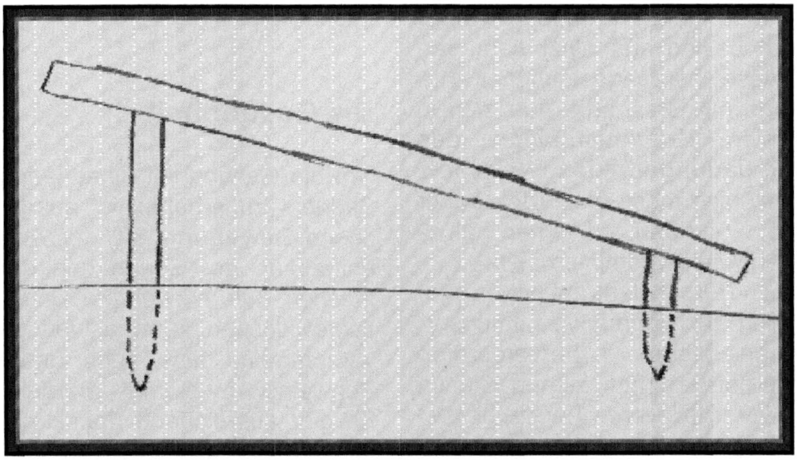

Scheuerbalken

same Gewöhnung erforderlich ist. Hier muss der Halter schützend eingreifen und die Ausgangszeit an die Sonne, von anfänglich nur wenigen Minuten Tag für Tag, langsam steigern.

Die Klauen
Bei einer überwiegenden Haltung auf weichem Untergrund (z.B. auf der Wiese) kann der Klauenabrieb unzureichend sein. Naturgemäß wachsen die Klauen wie unsere Fingernägel. Werden diese nicht durch den natürlichen Abrieb (laufen auf hartem Untergrund) kurz gehalten, müssen diese nachgeschnitten bzw. – gefeilt werden, um Haltungsschäden zu vermeiden. Nach vorn auswachsende Klauen nennt man „**Stallklauen**“.

Versuchen Sie das Klauen schneiden oder feilen mit dem Bürsten zu verbinden. Oft legen sich die Schweinchen beim Bürsten der Länge nach auf den Boden und so kann dann die Klauenpflege, so sie denn nötig, von einer zweiten Person durchgeführt werden. **Siehe auch unter Gesundheit.**

Endoparasitenbehandlung (Wurmkur)
In der Regel wird 2 x im Jahr eine Wurmkur durchgeführt. Sie erfolgt mit der Verabreichung geeigneter Breitband-Wurmpräparate, die mittels eines geeigneten Behandlungsprogrammes aufgestellt werden. Das Breitband-Wurmpräparat wirkt zugleich gegen verschiedene Wurmarten. Fragen Sie Ihren Tierarzt.

Ausreichend Bewegung und frische Luft ist auch für die Gesundheit unseres Mini-Schweinchens gut!

Durchfall
Der Kontakt mit sauberer Erde, am besten aus einer sauberen Wiese herausgestochener Humus mit Grasnarbe, hat sich in vielen **Krankheitsfällen des Verdauungstraktes** bewährt. Natürlich muss die Erde sauber sein, und darf auf keinen Fall irgendwie kontaminiert sein!!
Da Durchfallerkrankungen jedoch auch durch Vergiftungserscheinungen hervorgerufen werden können, ziehen Sie im Zweifelsfalle Ihren Tierarzt hinzu!

Beschäftigungsmaterial
Je intelligenter das Tier, je mehr und sinnvoller will es „in Gefangenschaft" beschäftigt werden. Die Futterbeschaffung entfällt in der Regel und somit haben die Tiere die Zeit und den Drang sich zu beschäftigen. Zunehmend wird dies auch in der landwirtschaftlichen Schweinehaltung erkannt und das Tierschutzgesetz dementsprechend geändert. Den großen Schweinemastbetrieben werden so als „Beschäftigungstherapie" **Kauketten, Hebebalken, Strohkörbe und z.T. auch Spielbälle** für die Tiere empfohlen. Auch bei den Mini-Schweinen ist darauf zu achten, dass die Tiere eine Beschäftigungsmöglichkeit haben, die ihrem Spieltrieb entgegenkommt, damit sie nicht „auf dumme Gedanken" kommen. Was genau, für welches Tier in Frage kommt, hängt jeweils von der Haltungsform ab. (Siehe auch Kapitel 4)

Die Gesundheit

Um die Gesundheit eines jeden Säugers zu erhalten ist ausreichend **Bewegung** wie der Aufenthalt an der Sonne und der frischen Luft notwendig. Ungeachtet dessen kann es jedoch vorkommen, dass auch unser Schweinchen einmal erkrankt. Es gibt ausreichend Fachliteratur, die sich speziell mit spezifischen Krankheiten der Schweine auseinandersetzt. Den genauen Titel entnehmen Sie bitte den Literaturhinweisen.

Hier wollen wir nur kurz auf einige wenige, möglicherweise auch bei Mini-Schweinen auftretenden Gesundheitsstörungen und Krankheiten eingehen. Es handelt sich hier zum Teil um spezifische Schweinekrankheiten.

Rotlauf
Schweinerotlauf wird durch das Bakterium Erysipelothrix rhusiopathiae hervorgerufen und ist weltweit verbreitet. Besonders in der direkten Umgebung der Tiere (Boden, Einstreu, Wasser) sind die Bakterien vorhanden, die über Monate infektionsfähig bleiben können und gegenüber äußeren Einflüssen sehr wiederstandsfähig sind.

Bei Rotlauf unterscheidet man verschiedene Verlaufsformen:

1. Die **Hautform** des Rotlauf. Sie zeigt (bei Schweinen der landwirtschaftlichen Vermehrung) 2-6 cm große rote Backsteinblattern die sich auf der Haut des gesamten Körpers abbilden. Es tritt hohes Fieber auf. Die Tiere sind nicht „ansprechbar", verweigern die Nahrungsaufnahme und die Überlebenschancen ohne Behandlung sind schlecht. Ziehen sie hier Ihren Tierarzt hinzu. Frühzeitig behandelte Tiere genesen durchaus.

2. Beim **Herzklappenrotlauf** bilden sich kohlartiges Gewebe an den Herzklappen. Fieber bis 40 ° C verursachen bei den Tieren Herz-Kreislauf-Störungen. Die Tiere nehmen weniger Futter auf und kümmern.

3. Bei **Rotlaufpolyarthritis** (Gelenkrotlauf) zeigen sich Lahmheitserscheinungen und druckempfindliche, warme Schwellungen an den Gelenken, die mit Flüssigkeit geladen sind. Die Schweine liegen viel. Beim gehen zeigen sie Zehenspitzengang.

Europäische Schweinepest
Das Schweinepest-Virus kommt weltweit vor und scheint in Gebieten mit intensiver Schweinemast und freizügigem Tierverkehr noch nicht getilgt zu sein. Infizierte Wildschweine und die Verfütterung von unsachgemäß erhitzten Speiseabfällen gelten als Hauptvirusüberträger. Schon geringe Mengen, also z.B. Hineintreten in kontaminierte Schweineexkremente, reichen für die Verschleppung aus. In gefrorenem Fleisch bleibt das Virus mehrere Monate infektiös. Ebenso in getrockneten Körperflüssigkeiten und Exkrementen bis über einen Monat. Typisches Krankheitsbild der Schweinepest: Petechiale Blutungen führen zur Ausprägung der typischen Flecken am gesamten Körper der Schweine. Impfungen gegen die Schweinepest sind seit 1988 in der Europäischen Union nicht mehr erlaubt. **Die Europäische Schweinepest ist meldepflichtig!**

Vergiftungen
Vergiftungen können bei Schweinen durch verschiedene Ursachen begründet sein. Meist sind dies verdorbene, verschimmelte bzw. angeschimmelte Futtermittel, Kohlenmonoxidvergiftungen verursacht durch Sauerstoffverbrauchende Heizsysteme, aufgenommene Ungezieferbekämpfungsmittel (z.B. Rattengift), falsch eingesetzte bzw. falsch dosierte Ektoparasitenbehandlungsmittel bzw. Arzneimittel. Die Tiere zeigen bei den unterschiedlichen Vergiftungserscheinungen spezifische Krankheitserscheinungen. Ursache für eine Vergiftung kann auch die Aufnahme für das Tier nicht bekömmlicher Pflanzen oder –teile sein (z.B. Thuja).

Speiseabfälle gelten als Hauptvirusträger der Europäischen Schweinepest. Sie müssen vor dem Verfüttern mindestens 10 Minuten lang auf eine Kerntemperatur von 80 ° C erhitzt werden!

Dieses Mini-Schweinchen zeigt, dass auch Schweine glücklich leben können, wenn man sie nur lässt!

Endoparasiten
Endoparasiten sind Wurmarten die das Schwein in der Regel durch die Nahrung aufgenommen, als Wirt benutzen. Es gibt derer mehrere Arten: **Roter Magenwurm, Knötchenwurm, Peitschenwurm, Zwergfadenwurm und Spulwurm**. Die Therapie erfolgt über geeignete Breitband-Wurmpräparaten, die mittels eines geeigneten Behandlungsprogrammes aufgestellt werden. Sie wird in der Regel zwei Mal jährlich durchgeführt. Das Mittel wird den Schweinen zur Einnahme über das Futter oder das Trinkwasser verabreicht. Für die Einzelbehandlung kommt auch die Injektion in Frage.

Überdüngung und Schädlingsvermehrung sind besonders auf der Dauerweide bzw. in der Freilandhaltung nicht zu unterschätzende Probleme.

Ektoparasiten
Ektoparasiten können auch bei unseren Miniatur-Schweinen in Form von **Räudemilben** (Grabmilben werden bis zu ½ mm groß und verursachen einen lästigen Juckreiz), **Läuse** (sie leben vom Blut des Wirtstieres und saugen mehrmals täglich an verschiedenen Stellen) und **Haarbalgmilben** auftreten, wobei Haarbalgmilben sehr selten vorkommen. Ektoparasiten lassen sich heute gut durch intensives Waschen mit entsprechend

wirksamen Mitteln behandeln. Es gibt auch die Möglichkeit des Aufgießverfahrens auf den Rükken, durch das die Schädlinge vernichtet werden. Ihr Tierarzt kennt die entsprechenden wirksamen Mittel.

SMEDI (Parvovirose)

Die Bezeichnung SMEDI ist ein Kunstwort bestehend aus folgenden (englischen) Anfangsbuchstaben für: **S** = Stillbirth (Totgeburten), **M** = Mumification (mumifizierte Früchte), **E** = Embryonic, **D** = Death (embryonaler Fruchttod) und **I** = Infertility (Unfruchtbarkeit).

Mit wenigen Worten beschrieben, mumifizieren weibliche, tragende Schweine ihre ungeborenen Jungtiere. Dies kann in unterschiedlichen Stadien stattfinden. Nicht alle Ferkel müssen mumifiziert sein. Es können im gleichen Wurf, in unterschiedlichen Stadien mumifizierte wie auch normal entwickelte Jungtiere zur Welt kommen. Im frühen Trächtigkeitsstadium kann es auch vorkommen, dass die **Früchte** mehr oder weniger vollkommen resorbiert (zurückgebildet) werden. Die Antikörperbildung eines Bestandes ist durchaus möglich, die die Tiere über einen gewissen Zeitraum schützt. Zudem ist eine Impfung gegen SMEDI möglich.

Eiseninjektion (betrifft vornehmlich Ferkel der landw. Schweinevermehrung!)
Bei der Geburt steht jedem Ferkel nur ein begrenzter Eisenvorrat zur Verfügung. Der tägliche Eisenvorrat liegt bei weitem höher als er von der Sauenmilch gedeckt werden kann. Dieser Eisenmangel kann zu Blutarmut (blasse Hautfarbe) Abmagerung und Durchfällen führen. Deshalb wird jedem Neugeborenen Ferkel im Alter von ca. 3 Tagen eine Eiseninjektion **in der Regel** in die Halsmuskulatur, verabreicht, die diesen Mangel abdeckt.

Da unsere **Miniatur-Schweine** in den meisten Fällen freien Zugang zu eisenhaltigen Stoffen, wie z. B. Erde (Humus), haben, und der (hohe) Eisenbedarf überwiegend durch das (gewollte) schnelle Wachstum von Zuchtschweineferkel begründet ist, wird eine Eiseninjektion bei unseren Ferkeln in der Regel nicht notwendig sein. Um Ihren spezifischen Fall zu beurteilen fragen Sie Ihren Tierarzt, der anhand des Futterplanes Ihrer Tiere definitiv entscheiden kann ob eine Injektion durchgeführt werden sollte. Vorbeugendermaßen können den Mini-Schweinchen natürlich auch Vitamin- und Spurenelemente (Eisen, Kalzium, Magnesium) durch **(Brause-) Tabletten** zugeführt werden, die in warmem Wasser aufgelöst, sehr gerne aufgenommen werden.

Beobachten sie Ihr Mini-Schweinchen täglich genau um seinen Gesundheitsstand zu erkennen.

Impfungen sind bei unseren Miniatur-Schweinchen in der Regel nicht nötig. Natürlich kann gegen die eine oder andere Krankheit vorsorglich eine Immunität durch eine Impfung hervorgerufen und aufgebaut werden. Insbesondere gegen **Tollwut**. Besprechen Sie all dies jedoch mit dem behandelnden Tierarzt, der mit Ihnen zusammen sicher ein Impfprogramm, sofern nötig, ausarbeiten wird. Im allgemeinen sollten Schweine erst in einem Alter ab 12 Wochen geimpft werden.

Zootechnische Maßnahmen wie sie in der landwirtschaftlichen Schweinezucht durchgeführt werden, z.B. Zähne abschleifen, Schwänze kürzen, sind in der Mini-Schweinezucht nicht gebräuchlich bzw. nicht erforderlich. Daher wird hier nicht näher darauf eingegangen.

Die tägliche Beurteilung der Gesundheit unseres Schweinchens

Gesundheit exakt zu definieren ist äußerst schwierig. Wir wollen uns hier einigen, unter Gesundheit den Zustand eines Tieres zu verstehen, der es ihm ermöglicht mit sich und seiner Umwelt in Einklang zu stehen, dass es sich wohl fühlt und keinen Schaden nimmt bzw. hat.

Das Erkennen des gesundheitlichen Zustandes kann z.B. beim Kauf eines Tieres von Ausschlag gebender Wichtigkeit sein. Oft erkennt man diesen relativ schnell.

Jedes Lebewesen, auch ein Schwein, sendet (z.T. unbewusst) Signale aus, an denen durchaus erkannt werden kann, wie weit es mit der momentanen Gesundheit her ist. Dies wird in der Regel gestützt durch Erfahrung wie auch durch anerkannte Kriterien:

- Körperhaltung und Fortbewegung
Die Körperhaltung sollte lebendig, die Fortbewegung leicht forsch sein. Das Tier sollte Interesse an seiner Umwelt, geleitet von seinem Erkundungsverhalten, zeigen und dementsprechend bewegungs- und erkundungslustig sein.

- Die Haut und die Borsten
Die Haut eines gesunden Schweines ist glatt, weniger schuppig, und rosa, gutdurchbluteter Farbe. Sie liegt gut an. Die Borsten sind fest und fast am ganzen Körper gleichmäßig verteilt. Einzelne kahle Stellen, u.U. verbunden mit rauhen, schmutzig aussehenden Flächen, könnten auf einen Parasitenbefall (z.B. Schweineräude) hinweisen.

- Die Augen
Die Augen eines gesunden Tieres sind klar und lebendig. Ausfluss, gerötete Augen sind möglicherweise Alarmzeichen für Krankheiten bzw. Infektionen.

- Die Atmung
Die Atmung eines gesunden Tieres sollte ruhig vonstatten gehen. Ein gesundes ruhiges Tier wird weder röcheln noch husten.

- Die Klauen
Die Klauen unserer Schweinchen werden wie Eingangs schon erwähnt, je nach Unterlage mehr oder weniger von allein abgerieben also abgenutzt. Werden Schweine ausschließlich auf der Wiese bzw. auf weichem Stallboden (in der landwirtschaftlichen Schweinevermehrung auf **Kunststoffspaltenboden**) gehalten, wachsen ihre Klauen nach vorne aus und es bildet sich die sogenannte **Stallklaue**. Schmerzen und Leistungsabfall sind daraus resultierende Folgen. Werden die Klauen nicht genügend abgerieben, ist es notwendig sie mit einer Feile bzw. Klauenschere nachzuarbeiten. Dies sollte jedoch nur von einer erfahrenen Person, möglicherweise vom Tierarzt vorgenommen werden.

- Der Ernährungszustand
Der Ernährungszustand ist für den Laien nicht immer schnell zu erkennen. **Sichtbare Rippen wie auch hervorstehende Beckenknochen sind eindeutige Zeichen einer Unterernährung!** Ein wohlproportioniertes Schwein hat leicht rundliche Formen und ausgewogene Proportionen. Das Gegenteil: Es gibt auch heute noch eindeutig zu fette Schweine, die von weitem sichtbar fast zu platzen drohen. Der Gesundheit des Tieres ist, wie beim Menschen, diese Situation nicht zuträglich.

- Sonstiger Allgemeinzustand, Körperliche (Un-) Versehrtheit
Wurde ein Schwein geschlagen, getreten oder sonst malträtiert, zeigt auch dies in der Regel nach außen sichtbare Spuren in Form von blutunterlaufenen Stellen, blaue Flecke, Lahmheiten bzw. sogar das Unvermögen sich fortzubewegen, was dann möglicherweise auf Knochenbrüche zurückzuführen ist. Letztere senken den Wert eines (Zucht-) Schweines offensichtlich, denn es ist nicht mit Sicherheit davon auszugehen, dass das Tier sämtliche Gebrechen voll auskurieren wird.

Anzeichen einer Erkrankung sind Mattigkeit, Apathie, Lustlosigkeit, Zittern, kein Appetit; desweiteren Fieber, Durchfall, längeres Erbrechen, Nasen- und Augenausfluss, ungewöhnlich großer Speichelfluss sowie über einen kurzen Zeitraum auffällige Veränderungen der Körperkonstitution. Auch eine Veränderung der Hautfarbe kann durchaus ein Krankheitszeichen sein (z.B. bei Rotlauf). Schlechtes **Stallklima** insbesondere Zugluft, zu hohe Luftfeuchtigkeit,

Ein wohlproportioniertes Mini-Schweinchen hat leicht rundliche Formen und ausgewogene Proportionen!

Achten Sie auf ein trockenes und sauberes „Bett" Ihres Mini-Schweinchens.

bei unseren Mini-Schweinchen das des Schutzraumes, können auch krank machen. Achten Sie auf mäßige aber ausreichende Belüftung!

Die Konsultation eines Tierarztes ist im Zweifelsfalle immer ratsam!

Die **Hausapotheke** für unser Schweinchen sollte enthalten:
- Desinfektionsspray
- Ektoparasitenbehandlungsmittel (meist pulverförmig zum anrühren in Wasser gegen Läuse, Räude (Milben). Tierarzt fragen!
- evtl. Fieberthermometer (am Besten digital)
- Eine stumpfe Schere
- evtl. Verbandszeug
- Melkfett (kann bei Kleinstverletzungen als Salbe verwendet werden)
- Zange und Feile zur Korrektur der Klauenlänge

Mir geht´s richtig gut!

9. Kapitel: Die Schweinesprache

Eine gute Mensch-Schwein-Beziehung zeigt sich darin, dass die **Ausdrucksmittel** wie **Lautäußerungen**, **Mimik, Verhaltensweisen,** mit denen sich Schweine äußern, verstanden werden. Der erfahrene Tierfreund wird sich hiermit auseinandersetzen, um mit seinen Tieren „kommunizieren" zu können, und sich somit seine Intelligenz zunutze machen.

Schweine versuchen sich durch mehrere **Lautäußerungen** gegenseitig mitzuteilen. Dies geschieht vom ruhigen bzw. beruhigenden grunzen, z.B. des Muttertieres während es seine Jungen säugt, bis zum geräuschvollen Schmerz- und Angstschrei, der während der Flucht (auch in Panik) ausgestoßen wird.

Zur **Mimik** eines Schweines gehört u.a. die Drohgebärde mit welcher z.B. ein Schwein das andere vom Trog zu vertreiben versucht.

Als **Verhaltensweisen** bezeichnet man erlernte wie auch angeborene Verhaltensmuster, die Tiere veranlassen auf bestimmte Gegebenheiten einzugehen. Hier sei als Beispiel das Wühlen eines Schweines, das sicher teilweise angeboren sein muss, aber auch durch Beobachtung erlernt werden kann, angeführt.

Wie bereits erwähnt, können Schweine Stimmen von Menschen unterscheiden und erkennen am Tonfall, ähnlich wie Hunde, die Stimmung „ihres" Menschen.

Wird mit Schweinen ruhig umgegangen, wird **Stress** mit all seinen möglicherweise schlimmen Folgen vermieden. Selbstbewusstes Auftreten, die Vermeidung unnötigen Lärms wie auch hektischer Bewegungen, geduldige und respektvolle Behandlung können durchaus zu einem harmonischen Zusammenleben beitragen. Die Kontaktaufnahme zu Schweinen erfolgt am Besten durch beruhigendes Einreden auf die Tiere, wie auch durch Kratzen oder Kraulen des Körpers im Bereich der Schulterblätter um die soziale Körperpflege nachzuahmen.

Landwirtschaftliche Schweinevermehrung:

Der erfahrene Tierfreund, (Tierpfleger) der täglich mit „seinen" Tieren umgeht, wird allein um ihnen mitzuteilen, dass „alles in Ordnung ist", stets ein beruhigendes Wort oder ein Liedlein auf den Lippen haben. Er gibt den Tieren Namen um sie direkt ansprechen zu können, was die Ansprache unbedingt vereinfacht.

Zutrauen, Vertrauen und stressfreies Ruhigsein ist für unsere Mini-Schweine das Größte und gibt ihnen größte Lebensqualität!

10. Kapitel: Fachbegriffe, Stichwortverzeichnis, Gesetze und Adressen die weiterhelfen

Fachbegriffe	Erläuterung	Seite
Abferkeln	Das Gebären von Ferkeln.	23
Absetzen	Vorgang durch den die Ferkelchen von der Mutter getrennt werden und nicht mehr auf die Nahrungsquelle Muttermilch zugreifen können.	5, 30
Adressen die weiterhelfen	im 10. Kapitel dieses Buches	55
Anschaffung	3. Kapitel dieses Buches	9
Aufsprung	Paarungsakt des Ebers.	25
Austreiben	Gebären, die Ferkelchen ans Licht der Welt bringen.	24
Belegen	Decken, das Schwein befruchten.	25
Beschäftigungsmaterial	Ball, Stroh, Hebebalken, Kaukette.	16, 18, 40
Biestmilch	Auch Kolostralmilch. Erste Milch des Muttertieres nach dem die Ferkel geboren wurden.	28
Blond	Rosa, allgemeine helle Schweinefarbe.	6, 7
Borsten	Haarkleid eines Schweines	44
Brunst/ Rausche	Paarungszeit beim (Haus-) Schwein, günstiger Zeitpunkt zu erfolgreicher Befruchtung	4, 24
Brunstkalender	Kalender in dem der Abferkeltermin am Decktag angegeben ist und somit bereits errechnet wurde.	
Dunkelhaltung	Frühere Haltungsform für Schweine. Die Haltung in (fast) dunklen Ställen versprach durch weniger Bewegung der Tiere höhere Tageszunahmen.	23
Durchblutung	Lebensnotwendiger Vorgang des Muskelgewebe	37
Durchfall	Wässriger Kot	32, 40
Eber	Männliches Schwein	25

Fachbegriffe, Stichwortverzeichnis

Fachbegriffe	Erläuterung	Seite
Eiseninjektion	Intramuskuläre Verabreichung von Eisenhaltigen Substanzen. „Eisenspritze“	43
Endoparasiten	Wurmarten im Schweineverdauungstrakt die das Schwein als Wirt benutzen.	42
Ektoparasiten	Schädlinge auf der Haut des Schweines z.B. Läuse.	42
Erkundungsverhalten	Drang zum „auskundschaften der Umgebung“.	37
Erziehung	5. Kapitel dieses Buches	20
Fachbegriffe	10. Kapitel dieses Buches	48
Ferkelmilch	Milchpulver das den Inhaltsstoffen der Sauenmilch sehr nahe kommt.	29
Ferkeldurchfall	Wässriger Kot eines Ferkels	32
Freilandhaltung	Haltungsform von Schweinen. Außer kleiner Schutzhütte unter freiem Himmel.	17, 37
Früchte	Jungtiere im Mutterleib.	43
Früchte, abgestorbene	Tote Jungtiere (noch im Mutterleib)	43
Futter	Nahrung von Tieren	34, 36
Futterplan	Genau festgelegte, einzuhaltende Futterrationen	34
Gesäuge	Zitzenleisten (Brüste) eines Muttertieres.	27
Gesetze	10. Kapitel dieses Buches	53
Gesundheit	8. Kapitel dieses Buches	38, 37
Giftpflanzen	Pflanzen die von Säugern aufgenommen für diese nicht verträglich sind.	36
Gras-, Grünmehl	Getrocknetes Gras bzw. Grünzeug, meist als Pellets	34
Grasnarbe	Grasbewuchs samt Wurzelwerk	37
Güst	leer = nicht tragend (keine heranwach senden Früchte im Mutterleib)	5, 24
Haarbalgmilben	Schmarotzer auf und in der Haut des Wirtstieres	42
Haftpflichtversicherung	Versicherung die für Schäden einspringt	19
Halsanbindung	Haltungsform in den 70er Jahren, wobei Schweine am Hals angebunden wurden.	23
Hausapotheke, hier:	Behandlungsmittel und –gerätschaften	46
Hautschuppen	Abgestorbene Hornteilchen der obersten Hautschicht.	37
Hebebalken	„Beschäftigungsgerät für Schweine“	18, 40
Immunschutz	Abwehrkräfte gegen Krankheiten etc.	28
Impfungen	Vorbeugende Krankheitsprophylaxe	44
Infrarotlampe	Wärmespendende Rotlichtlampe.	28
Kastenstand	Rohrartiges Gestell rund ums (Mutter-) Schwein in der landwirtschaftlichen Schweinevermehrung.	23

Fachbegriffe, Stichwortverzeichnis

Fachbegriffe	Erläuterung	Seite
Kauf eines Mini-Schweines	im 3. Kapitel dieses Buches	12
Kaukette	eine bis auf wenige Zentimeter auf den Boden abhängende Kette, an der Schweine kauen und mit der sie sich (durch den Schaukeleffekt) beschäftigen können.	18,40
Klauen	Füße von Paarhufern z.B. Rinder, Schweine.	39, 45
Körung	(frühere) Zuchtzulassung von (überwiegend) männlichen Tieren.	
Kolostralmilch	Auch Biestmilch. Erste Milch des Muttertieres nach dem die Ferkel geboren wurden.	28
Kompaktfuttermittel	Meist Getreidemehle, hoher Kaloriengehalt	35
Krankheitserreger	Bakterielle bzw. infektiöse „Krankmacher"	36
Kunststückchen	Kleine Übungen meist zur Belustigung	22
(sich) Lösen	Urinieren, koten.	15
Lose	Junges weibliches Schwein bevor es zum ersten Mal abferkelt.	23
Milchfieber	Krankheit eines Muttertieres nach der Geburt der Ferkelchen.	26
Natursprung	Die Elterntiere werden natürlich miteinander verpaart.	24
Nest	Schlafmöglichkeit	
Ovulation	Medizinischer Ausdruck für Eisprung.	5
Pflege	8. Kapitel dieses Buches	38, 37
Räudemilben	Schmarotzer auf und in der Haut des Wirtstieres	42
Rangkampf	Kampf unter Schweinen um den Status des Einzelnen in der Rotte festzulegen.	30
Rangordnung	Stellung eines jeden Schweines in der Rotte	20, 30
Rassen	2. Kapitel dieses Buches	6
Rausche, (Brunst)	Paarungszeit beim Schwein. Günstiger Zeitpunkt zu erfolgreicher Befruchtung	25
Ramsnase	gestauchter, verkürzter Schweinerüssel	6
Rotte	(Familien-) Verband der (Wild-) Schweine	20
Rotlauf	Schweinekrankheit	40, 41
Rüsselscheibe	„vorderste Spitze" der Schweineschnauze	2
Sau	Weibliches Schwein das bereits Junge geboren hat.	24
Saugordnung	Ein jedes Ferkelchen hat „seine" Zitze am Muttertier	30

Fachbegriffe, Stichwortverzeichnis

Fachbegriffe	Erläuterung	Seite
Sau steht	Das weibliche Schwein duldet den Aufsprung des Ebers.	24
Sauenwäsche	Richtig gründliches Waschen der Sau in nicht zu kühler Umgebung (Erkältungsgefahr!) mittels Bürste und warmem Wasser (+ evtl. Ektoparasitenbehandlungsmittel).	26
Säugezeit	Zeit in der das Muttertier ihre Jungen nährt	29
Schadnager	Mäuse, Ratten	37
Scheuerbalken	Horinzontal auf zwei Pfählen aufliegender Balken mit unterschiedlichem Abstand zur Erde. Dient der Hautpflege.	38, 39
Schultergurt	Gurt um die Schulter (hinter den Vorderbeinen) eines Schweines um es so anzubinden.	23
Schutzraum	Raum geeigneter Größe für Schutz vor Wind und Wetter	3, 17
Schwein, Das (Mini-)	1. Kapitel dieses Buches	1
Schweinehöhle	Höhlenartige Behausung für „Strohnest“.	19
Schweinepest	Ansteckende Schweinekrankheit, meldepflichtig!	34, 41
Schweinesprache	9. Kapitel dieses Buches	47
Sonnenbrand	Durch UV-Bestrahlung u.a. der Sonne Verbrannte Hautoberfläche	38
Speiseabfälle	Reste von menschlicher Nahrung	34, 41
Spieltrieb	Trieb zur spielerischen Beschäftigung	36
Stallklaue	Durch zu wenig Abrieb nach vorn ausgewachsene „Fußnägel“ eines Schweines.	39
Stallklima	Temperatur und Luftfeuchtigkeit im Stall	45
Striegeln	Bürsten eines Tieres	37
Suhle	Eine durch Tierfrequentierung in Verbindung mit Wasser entstandene Wasser- bzw. Schlammkuhle, die von diesen durch hineinliegen zur Abkühlung genutzt wird.	1
Tiermehl	Verwertete Tierkadaver u. Schlachtabfälle, getrocknet, zu Pulver verarbeitet, Tierfutter	35
Trächtigkeit	Zeit der Jungtiere im Mutterleib	25, 26
Umrausche	Brunst nach nicht erfolgreicher Belegung (Befruchtung)	25
Unterbringung	4. Kapitel dieses Buches	14
Überzüchtung	Infolge fragwürdiger Züchtungsprogramme krankheitsanfällig geworden	3

Fachbegriffe, Stichwortverzeichnis

Fachbegriffe	Erläuterung	Seite
Vergiftungen	Reaktion des Körpers wegen unverträglichen Substanzen von Nahrung.	41
Vermehren	Züchten	23
Vitamine	Inhaltsstoffe die in Pflanzen erzeugt für Säuger lebensnotwendig sind.	36
Wühlen	Umgraben betreffs Nahrungssuche der (Erd-) Oberfläche durch Schweine	3, 17, 37
Wurmkur	Behandlung bzw. Behandlungsprogramm gegen Würmer im Verdauungstrakt von Säugetieren	26, 39
Zuchtreife	Frühestmögliches aber verantwortbares Alter zur erfolgreichen Zucht	4
Zulassen	Zum Decken (frei-) geben.	23

Mensch sind wir nicht cool man?

Gesetze, Vorschriften:

Gesetzliche Auflagen engen die Schweinehaltung in der landwirtschaftlichen Schweinezucht und -mast ein. Die Anzahl der Vorschriften und deren Schärfe nehmen zu. Zudem wurde und wird das Tierschutzgesetz dahingehend geändert, dass Leistungs- und Masttiere artgerechter gehalten werden (müssen) als dies noch vor Jahren der Fall war.

Die Schweinehaltungsverordnung enthält zudem eine Fülle von Einzelvorschriften wie z. B. das Verbot der **Halsanbindung** oder das Gebot des Bereitstellens von **Beschäftigungsmaterial** wie Stroh, Rauh-futter o.a. geeignete Gegenständen in Ställen ohne Einstreu.

Dies gilt jedoch überwiegend für die gewerbsmässige Schweinehaltung. Für unsere Mini-Schweine sind diese Vorschriften weniger relevant, da den einzelnen Tieren (meist) genug Bewegungsfreiheit, Aufmerksamkeit wie auch Beschäftigung geboten wird, da sie in der Regel nicht in großer Zahl, sowie auf engem Raum gehalten werden.

Das Tierschutzgesetz, das für unsere Mini-Schweine auch wichtig ist, bestimmt u.a.:

„Wer ein Tier hält, betreut oder zu betreuen hat

- muss das Tier seiner Art und seinen Bedürfnissen entsprechend angemessen ernähren, pflegen und verhaltensgerecht unterbringen.

- darf die Möglichkeit des Tieres zu artgemäßer Bewegung nicht so einschränken, dass ihm Schmerzen oder vermeidbare Leiden oder Schäden zugefügt werden.“

Das Tierzuchtgesetz , das am 01.01.1990 das alte Tierzuchtgesetz aus dem Jahre 1976 ablöste, dient dazu, das Tierzuchtrecht in der EG zu harmonisieren. Rechts- und Verwaltungsarbeit zu erleichtern. Es gilt ebenso mehr für die professionelle Schweinevermehrung, da in ihm u.a. die staatliche **Körung** von Zuchttieren geregelt ist.

Auszug aus dem Tierseuchengesetz (TierSG):

(2) Im Sinne dieses Gesetzes sind

1. Haustiere:
Von Menschen gehaltene Tiere einschließlich der Bienen, jedoch ausschließlich der Fische;

Bitte beachten!

Schweine, egal welcher Rasse und Größe gelten nach unserem Gesetz als Vieh!

2. Vieh:
Folgende Haustiere: Pferde, Esel, Maulesel, Maultiere, Rinder, **Schweine**, Schafe, Ziegen, Kaninchen, Gänse, Enten, Hühner - einschließlich Perl- und Truthühner – und Tauben;

Auszug Ende.

Somit gelten Schweine, egal welcher Rasse und Größe, nach unserem Tierseuchengesetz als Vieh!

Kennzeichnung von Schweinen. Ohrmarken.

Entsprechend den §§ 19 a-d, 24 b und c der Viehverkehrsverordnung vom 23. April 1982 (BGB1. I, S. 503) zuletzt geändert am 19. April 1995 (BGB1. I, S. 528) ist folgendes zu beachten:

Ab 28. Oktober 1995 dürfen Rinder, Schafe, **Schweine** und Ziegen nur noch in Verkehr gebracht werden, wenn sie mit den nach der Viehverkehrsverordnung zugelassenen Ohrmarken markiert sind. Nicht gekennzeichnete Tiere dürfen nicht mehr in den Verkehr gebracht werden. Die Ohrmarken sind mit der vom Veterinäramt des Landkreises zugeteilten Betriebsnummer (Buchstaben des KFZ-Kennzeichen des Kreises und die Nummer des Betriebes) zu versehen. Es sind nach der Viehverkehrsordnung zugelassene Ohrmarken zu verwenden.

Grundlage dieser Kennzeichnungspflicht ist die „Verordnung zum Schutz gegen die Verschleppung von Tierseuchen im Viehverkehr kurz „Viehverkehrsverordnung", sowie dem Tierseuchengesetz.

Mit anderen Worten heißt dies, dass jedes Schwein, spätestens mit dem Verlassen des Geburtsortes von einer Ohrmarke „begleitet" werden muss, die durch das auf ihr aufgedruckte KFZ-Kennzeichen des Kreises und die Betriebsnummer, eindeutig Aufschluss über seinen Herkunfts- bzw. Geburtsort gibt.

Anmeldung bei der Tierseuchenkasse.

Nach dem Tierseuchengesetz (BGBL 1995 S. 2038 ff) in Verbindung mit § 20 AG-Tierseuchengesetz, der Beitragssatzung und der Haushaltssatzung sind Besitzer von Kleinpferden, Pferden, Rindern, **Schweinen**, allen 1 Jahr alten und älteren Schafen, Bienenvölkern und Geflügel gesetzliche Pflichtmitglieder in der Tierseuchenkasse.

Die Tierseuchenkasse erbringt im Schadensfalle Entschädigung nach dem Tierseuchengesetz, Beihilfen nach der Leistungssatzung und unterhält spezielle Tiergesundheitsdienste, die von jedem Beitragszahler in Anspruch genommen werden können.

Auf Anfrage übersendet die **Tierseuchenkasse des jeweiligen Bundeslandes** gerne Informationsmaterial wie: - Tierseuchengesetz. – Ausführungsgesetz zum Tierseuchengesetz. – Änderung des Gesetzes zur Ausführung des Tierseuchengesetzes. – Beitragssatzung. – Haushaltssatzung. – Leistungssatzung.

Jeder Tierbesitzer der beitragspflichtige Tiere hält, ist verpflichtet **innerhalb von 2 Wochen ab Beginn der Tierhaltung**, sich bei der Tierseuchenkasse zu melden (§ 20 AG-TierSG in Verbindung mit § 2 der Beitragssatzung). Auf diese Meldung hin werden mittels eines Formblattes um Angabe des genauen Zeitpunktes des Haltungsbeginns, die Anzahl der gehaltenen Tiere je Art etc. gebeten.

Die Meldung bei der Tierseuchenkasse ist unbedingt zu empfehlen, da bei einem Ausbruch einer (vom Tierarzt) meldepflichtigen Seuche nicht geahnte Forderungen bzw. Strafen wegen der Nichtmeldung eintreten können.

Der zu entrichtende Beitrag je Tier und Jahr liegt im Gegensatz hierzu sicher günstig bei wenigen DM.

Adressen die weiterhelfen

Veterinäramt (meist verbunden mit Landratsamt) bzw. Amt für Veterinärwesen

Tierseuchenkasse des jeweiligen Bundeslandes

Desweiteren hilft Ihnen sicher jeder **seriöse Züchter von Mini-Schweinen** bei Fragen und Problemen weiter.

Auch Ihr **Tierarzt** wird Ihnen sicher mit Rat und Tat zur Seite stehen

Und nicht zuletzt können Sie per Email zum **Autor** Kontakt aufnehmen. Die genaue Email-Adresse finden Sie auf S. 57 in diesem Buch.

Die Haltung von Schweinen muss innerhalb von 2 Wochen bei der Tierseuchenkasse angemeldet werden!

Bitte beachten Sie den wichtigen Hinweis auf dieser Seite!

Literaturhinweise

DIE FOLGENDEN LITERATURHINWEISE UMFASSEN AUSSCHLIEßLICH WERKE DER LANDWIRTSCHAFTLICHEN SCHWEINEVERMEHRUNG!

Patient Tier von Ernst-Günther Hellwig: **Schweinekrankheiten** erschienen im Ulmer Verlag.

Alternative Konzepte von Bernhard Hörning: **Artgemäße Schweinehaltung**, Grundlagen und Beispiele aus der Praxis von Stiftung Ökologie und Landbau erschienen im Schweisfurth-Stiftung Verlag C.F. Müller.

Artgemäße und rentable Nutztierhaltung von Anton Grauvogl und andere; Rinder, Schweine, Pferde, Geflügel von Verlags Union Agrar.

Schweine halten von Beate & Leopold Peitz erschienen im Ulmer Verlag.

Alternativen in der Schweinehaltung von Jakob L. Höges erschienen im Ulmer Verlag.

Praktische Sauenhaltung von Edgar Littmann und andere; Zucht, Management, Wirtschaftlichkeit von Verlags Union Agrar.

Wichtiger Hinweis

Die in diesem Buch aufgeführten Ratschläge über die Haltung von Mini-Schweinen sind als Vorschläge zu verstehen, die aus praktischer Erfahrung herrühren. Sicher wird jedes einzelne Tier, das durchaus als eine eigene Persönlichkeit betrachtet werden kann, anders reagieren, bzw. auf Gegebenheiten ansprechen. Beobachten Sie Ihr Tier, insbesondere in der Eingewöhnungsphase gut. Da auch ein Mini-Schweinchen Dritten (sicher unbeabsichtigt) Schaden zufügen kann, wird der Abschluss einer Tierhalter-Haftpflichtversicherung empfohlen! Fragen Sie Ihren Versicherungsfachmann. Schweine können zudem vielfältige Krankheiten haben, die sogar bis zur gesetzlichen Meldepflicht (z.B. Schweinepest) reichen. Nur Ihr Tierarzt kann im Zweifelsfall die genaue Diagnose stellen. Einige Krankheiten sind auch auf den Menschen übertragbar (z.B. Tollwut). Achten sie also trotz aller Tierliebe auf ausreichende Hygiene. Suchen Sie im Zweifelsfall selbst den Arzt auf und unterrichten ihn über Ihre Tierhaltung.

Insgesamt kann für die Richtigkeit sowie Vollständigkeit des Inhaltes dieses Buches keine Gewähr übernommen werden. Haftungsansprüche müssen daher abgelehnt werden.

Der Autor und seine „Familie“.

Der Autor hält seit einigen Jahren erfolgreich Schweine. Zu Anfang waren Miss Piggy, danach Erwin (ein Schwein der Deutschen Landrasse) die Lieblinge. Seit nun Mini-Schweinchen Einzug gehalten haben, sind diese lebhaften, intelligenten und schlauen Tierchen feste Mitglieder der Familie. Der Autor hält seine Mini-Schweinchen im Familienverband in der Rotte. In der Zeit, in der sie Nachwuchs erwarten natürlich separat von den anderen Schweinen, im Haus in klimatisierten Räumen. Er legt Wert auf gesunde, wiederstandsfähige und saubere Tiere, die nicht im „Saustall“ leben müssen. Dies ist der Grundstock des Zuchterfolges, der mit dem gesunden Bestand an Mini-Schweinchen die Basis begründet.

Gerne empfängt die „ganze Saubande“ Besuch; Sie werden kaum zutraulichere Tierchen finden.

Den Autor samt Familie erreichen Sie unter:

info@bodensee-minischweine.de

Schauen sie auch mal in unsere homepage:

www.bodensee-minischweine.de

Danke

sagen möchte der Autor neben seinen im Vorwort bereits erwähnten Korrekturlesern auch zwei Mini-Schwein-Besitzerinnen, für die Zustimmung zur Veröffentlichung der Bilder ihrer Lieblinge.

Titelbilder

Oben links: Schwarzes halbwüchsiges, weibliches Schweinchen. Genaue Rasse konnte nicht ermittelt werden. Sehr wahrscheinlich Göttinger Mini-Schwein. **Oben rechts:** Wiesenauer Mini-Schwein, weiblich ausgewachsen. Alter 14 Monate. **Unten links:** Göttinger Mini-Schwein-Ferkelchen an der Milchbar ihrer Mutter. Alter ca. 1 Tag. **Unten rechts:** Auszug von Futtermitteln für Mini-Schweinchen. Äpfel, Karotten, Pfirsiche, Bananen (ohne Schale!), Graspellets, Ferkelkörner, Körner-Mais, Kartoffeln, Salat;